# FORSCHUNGSBERICHTE
## DES WIRTSCHAFTS- UND VERKEHRSMINISTERIUMS
## NORDRHEIN-WESTFALEN

Herausgegeben von Staatssekretär Prof. Leo Brandt

Nr. 211

Prof. Dipl.-Ing. Sturtzel
Dr.-Ing. Graff

Die Versuchsanstalt für Binnenschiffbau, Duisburg

Institut an der Rhein.-Westf. Techn. Hochschule Aachen

Als Manuskript gedruckt

WESTDEUTSCHER VERLAG / KÖLN UND OPLADEN

1956

ISBN 978-3-663-03201-4     ISBN 978-3-663-04390-4 (eBook)
DOI 10.1007/978-3-663-04390-4

Forschungsberichte des Wirtschafts- und Verkehrsministeriums Nordrhein-Westfalen

## Gliederung

I. Bedeutung des Schiffbauversuchswesens . . . . . . . . . . . . . S. 5

II. Vorgeschichte der Gründung . . . . . . . . . . . . . . . . . . S. 5

III. Aufgaben der Versuchsanstalt für Binnenschiffbau . . . . . . S. 8

IV. Durchführung des Baus . . . . . . . . . . . . . . . . . . . . S. 1o

V. Beschreibung der Versuchsanlagen . . . . . . . . . . . . . . S. 11
   1. Die Versuchstanks . . . . . . . . . . . . . . . . . . . . S. 11
   2a. Der Schleppwagen und die Schienenanlage . . . . . . . . S. 16
   2b. Der Schleppwagenantrieb . . . . . . . . . . . . . . . . S. 2o
   3. Die Strömungsanlage . . . . . . . . . . . . . . . . . . . S. 26
   4. Werkstatt und Büroräume . . . . . . . . . . . . . . . . . S. 28

VI. Betriebserfahrung . . . . . . . . . . . . . . . . . . . . . . S. 33

VII. Zusammenfassung . . . . . . . . . . . . . . . . . . . . . . S. 36

Forschungsberichte des Wirtschafts- und Verkehrsministeriums Nordrhein-Westfalen

## I. Bedeutung des Schiffbauversuchswesens

Die rechnerische Vorausbestimmung der Bewegungseigenschaften eines Schiffes ist ein so schwieriges und kompliziertes Problem, daß es trotz großer Fortschritte der Wissenschaft auch jetzt noch nicht befriedigend gelöst ist. Auch heute noch ist die einzige zuverlässige Möglichkeit einer Vorausbestimmung der Modellversuch. So hat das Schiffbauversuchswesen in weniger als hundert Jahren einen sehr großen Aufschwung genommen und ist zu einer unersetzlichen Hilfe des Konstrukteurs geworden. Der Schwerpunkt der Entwicklung lag dabei auf dem Gebiet des Seeschiffbaues, da dieser an sich einen größeren Umfang besitzt und die Versuchskosten relativ zu den Baukosten weniger ins Gewicht fallen. Die Probleme des Binnenschiffbaus sind daneben nicht in dem Maße berücksichtigt worden, da hier Versuchsumfang und Kosten infolge der wechselnden Fahrbedingungen (vor allem der Wassertiefen) an sich größer waren und zudem infolge der kleineren Einzelobjekte einen relativ größeren Anteil der Kosten des Gesamtobjekts beanspruchten. Da die Versuchsanstalten im allgemeinen vorwiegend auf Seeschiffsversuche eingerichtet waren, erforderten die Versuchseinrichtungen für Binnenschiffe, die nur vorübergehend gebraucht wurden, für ihren Ein- und Ausbau noch weitere Aufwendungen, die die Versuchskosten weiter erhöhten. Ferner kam hinzu, daß der allgemein für Flachwasserversuche verwendete verstellbare, in Sektionen unterteilte Boden im tiefen Seeschiffstank keine exakten Versuchsergebnisse lieferte, weil dieser Boden elastisch ist und außerdem ein dichter Abschluß an Seiten und Stössen der Einzelteile praktisch kaum erreichbar ist. Außerdem sind die normalen großen Schleppkanäle für Seeschiffe nicht dafür eingerichtet, Schiffe in Strömung zu untersuchen, wie dies für Binnenschiffe erstrebenswert ist. Trotz all dieser Schwierigkeiten sind in der Vergangenheit bereits umfangreiche Versuche mit Binnenschiffen durchgeführt worden und haben dazu beigetragen, den technischen Stand der Binnenschiffsflotte bei Neubauten und Umbauten wesentlich zu verbessern.

## II. Vorgeschichte der Gründung

Als nach dem Kriege auch die Binnenschiffsflotte zum größten Teil verloren oder unbrauchbar war und die Aufgabe vorlag, die vorhandenen Schiffe instandzusetzen und zu modernisieren und eine neue Binnenschiffsflotte

Forschungsberichte des Wirtschafts- und Verkehrsministeriums Nordrhein-Westfalen

zu schaffen, die imstande war, mit gesteigerten Geschwindigkeiten den Wettbewerb mit anderen Verkehrsträgern und mit der internationalen Rheinschiffahrt aufzunehmen, ergab sich die dringende Notwendigkeit, hierfür alle technischen Mittel einzusetzen. Eine sehr wesentliche Voraussetzung hierfür war der Bau einer Schiffbauversuchsanstalt, die in ihrer Anlage und Organisation ganz auf die Belange von Binnenschiffbau und Binnenschiffahrt zugeschnitten war. Eine solche Anstalt brauchte nicht die Abmessungen und Wassertiefen großer Seeschiffstanks zu besitzen und konnte deshalb in ihren räumlichen Abmessungen kleiner gehalten werden. Dafür mußte aber die Anstalt Einrichtungen erhalten, um Modelle in Strömung und in Kanalprofilen zu untersuchen. Es ist ohne weiteres verständlich, daß der Gedanke des Baus einer Versuchsanstalt für Binnenschiffbau dort den stärksten Widerhall fand, wo der größte Teil der deutschen Binnenschiffsflotte beheimatet ist, nämlich im Lande Nordrhein-Westfalen und in der Stadt Duisburg. Dort fanden sich auch die Männer, die den einmal für richtig erkannten Gedanken aufnahmen und so förderten, daß er in die Tat umgesetzt werden konnte. Als nach den ersten einleitenden Besprechungen die Forderung des Baus einer Versuchsanstalt für Binnenschiffbau erstmalig durch Ministerpräsident Arnold anläßlich einer Tagung in Duisburg öffentlich erhoben worden war, fanden sich aus den Kreisen der Duisburger Reeder und Werften, der Stadt Duisburg, der Niederrheinischen Industrie- und Handelskammer tatkräftige Männer zusammen, um diese Forderung in die Tat umzusetzen. Ihre Bemühungen fanden Widerhall bei den Reedern und Werften fast des ganzen Bundesgebiets und bei der am Binnenschiffbau interessierten Industrie. In einer Arbeitsgemeinschaft aller dieser Kreise wurde die erste Planung der Anstalt und die Einwerbung der erforderlichen Mittel vorgenommen. Es ist ihr gelungen, durch freiwillige Spenden der Schiffahrt, der Werftindustrie, der eisenschaffenden und Zulieferindustrie einen beachtlichen Teil der Baukosten der Versuchsanstalt aufzubringen. Nachdem auf diese Weise ein sehr deutlicher Beweis für die Notwendigkeit einer solchen Versuchsanstalt erbracht war, waren auch die Stadt Duisburg und das Land Nordrhein-Westfalen bereit, sich mit erheblichen Mitteln am Bau der Anstalt zu beteiligen.

Als Standort einer solchen Forschungsstätte für den Binnenschiffbau bot sich Duisburg gewissermaßen von selbst an. Hier liegt in der Vereinigung der Duisburg-Ruhrorter Häfen der größte Binnenhafen Europas. Als das

Forschungsberichte des Wirtschafts- und Verkehrsministeriums Nordrhein-Westfalen

Verkehrskreuz einer kommenden, europäischen Wirtschaftseinheit hat Duisburg in der Zukunft weitspannende Aufgaben zu meistern. Der Verkehr rheinabwärts führt nach den holländischen und belgischen Seehäfen und findet dort Ergänzung und Fortführung bis in die überseeischen Rohstoff- und Absatzgebiete. Von Duisburg fließt der Verkehr rheinaufwärts in die betriebsamen Industrien des Mittelrheins und Süddeutschlands und weiter nach Frankreich, der Schweiz, Österreich und Italien. Die westdeutschen Kanäle verstärken ihre Verkehrsbelebung von Duisburg aus, stellen die Verbindung des Rheinstromes mit den deutschen Nordseehäfen her und führen Kohle und Eisen in die im dortigen Wirtschaftsrevier gelegenen Verarbeitungsstätten. Der Großwirtschaftsraum um Duisburg schließt etwa 65 % des deutschen Kohlenbergbaues, etwa 35 % der Erzeugung des deutschen Roheisens, etwa 30 % des deutschen Rohstahls und seiner Walzwerksprodukte ein. Über 60 % der Betriebsmittel der deutschen Rheinschiffahrt bzw. über 40 % der Betriebsmittel der Binnenschiffahrt des Bundesgebietes werden in Duisburg verwaltet und wirtschaftlich genutzt. Duisburg darf mit Recht Anspruch erheben, der bedeutsamste Knotenpunkt für den Massengutverkehr und die Metropole der Binnenschiffahrt zu sein, deren Domäne das Massengut in Anbetracht der günstigen Wasserfracht immer bleiben wird. In dieses entscheidende Verkehrskreuz hinein, gewissermaßen den Ausgangspunkt aller westdeutschen Wasserstraßen, mußte die Versuchsanstalt für Binnenschiffbau gesetzt werden, wenn die Ausstrahlung ihrer Forschungstätigkeit den besten Erfolg gewährleisten sollte.

Aber noch andere Gründe waren für die Wahl von Duisburg als Standort des Instituts maßgebend. Mit der Erörterung über die Gründung der Anstalt wurde der Wunsch laut, dem Mangel an geschulten Fachingenieuren des Schiffbaues durch Errichtung eines Lehrstuhls für Schiffbau an der Technischen Hochschule in Aachen und eines Fachlehrgangs für Schiffbau an der Staatlichen Ingenieurschule in Duisburg unter besonderer Ausrichtung auf den Binnenschiffbau abzuhelfen. Inzwischen ist der Wunsch in die Tat umgesetzt worden. Die Ausbildung für Schiffbau an beiden Lehrstätten erfolgt als Ergänzung zum Studium des Maschinenbaues. Hiermit wird den Verhältnissen auf Binnenschiffwerften und den Berufsaussichten der Studierenden Rechnung getragen, die darin liegen, daß auf Binnenschiffwerften von jeher klassisch ausgebildete Schiffbauingenieure nur wenig zu finden waren und eine mehrseitige Fachausbildung jungen Ingenieuren den Wechsel ihres

Forschungsberichte des Wirtschafts- und Verkehrsministeriums Nordrhein-Westfalen

Arbeitsgebietes erleichtert, wenn partielle Konjunkturschwankungen auftreten, die zu Veränderungen in der Beschäftigung zwingen. Die Versuchsanstalt für Binnenschiffbau in Duisburg wird berufen sein, Studierenden beider Schulen, die Interesse am Binnenschiffbau haben, zur Vertiefung ihres Fachwissens durch Teilnahme an Versuchen der Anstalt zu dienen. Zur Erleichterung dieser Aufgabe wurde die Versuchsanstalt in Nachbarschaft der Staatlichen Ingenieurschule in Duisburg untergebracht und der Inhaber des Lehrstuhls für Schiffbau an der Technischen Hochschule in Aachen zum Vorstand der Versuchsanstalt ernannt. Schließlich wird das Institut auch bei der Ausbildung junger Binnenschiffer eine Rolle spielen, indem Schülern der Schifferberufsschule (Stromschifferschule) in Homberg Gelegenheit für einen praktischen Anschauungsunterricht an Hand schwimmender Modelle über das Verhalten von Binnenschiffen in verschiedenen Lagen bei stillem und strömendem Wasser gegeben werden kann.

### III. Aufgaben der Versuchsanstalt für Binnenschiffbau

Bei der Planung der Anstalt mußten in weitem Umfange die bereits vorliegenden Erfahrungen auf dem Gebiet des Binnenschiffbauversuchswesens berücksichtigt werden. Es ist bemerkenswert, daß in keinem anderen Lande der Welt so viele und vielseitige Modellversuche an Binnenschiffen durchgeführt und veröffentlicht worden sind wie gerade in Deutschland. Wenn auch die deutschen Schiffbau-Versuchsanstalten in Berlin und Hamburg ihrer Anlage nach vorwiegend auf Seeschiffsversuche eingestellt waren, sind dort trotzdem für die Belange des Binnenschiffbaus bereits bahnbrechende Arbeiten geleistet worden. Als nach dem Kriege beide Versuchsanstalten ihre Arbeit noch nicht wieder aufnehmen konnten und ihre Anlagen weitgehend zerstört waren und die Aufnahme von Modellversuchen für Seeschiffe lange Zeit fraglich war, erschien der Zeitpunkt sehr geeignet, im Rahmen der Neuplanung eine Anstalt zu schaffen, die sich speziell auf die Tätigkeit für Binnenschiffahrt und Binnenschiffbau beschränkte und dafür die Anlage auf Grund der bereits bestehenden Erfahrungen so einzurichten, daß sie im Stande war, diese Aufgaben möglichst vollkommen zu erfüllen.

Die Anstalt mußte dabei in der Lage sein, alle wesentlichen Fahrtbedingungen für Binnenschiffe im Modellversuch zu reproduzieren und alle erforderlichen Versuche durchzuführen.

Forschungsberichte des Wirtschafts- und Verkehrsministeriums Nordrhein-Westfalen
___

Die Fahrtbedingungen wechseln bei Binnenschiffen sehr erheblich und es ist ein sehr schwieriges technisches und wirtschaftliches Problem, Binnenschiffe zu bauen, die unter allen im Betrieb vorkommenden Bedingungen wirtschaftlich fahren. Während auf dem Oberlauf der Flüsse häufig große Stromgeschwindigkeiten auftreten, die für einen genügenden Überschuß der Schiffsgeschwindigkeit über die Fahrgeschwindigkeit eine hohe Antriebsleistung erfordern, ist gleichzeitig die Wassertiefe oft so gering, daß der volle Konstruktionstiefgang und die volle Ladefähigkeit nicht ausgenutzt werden können und die Größe der Propeller beschränkt wird. Die Antriebsleistung muß aber für den ungünstigsten Fall ausreichen und dem Schiff die erforderliche Geschwindigkeit über Grund sichern. Auf dem Unterlauf der Flüsse, auf Staustrecken und in Kanälen ist dagegen die Stromgeschwindigkeit geringer oder gar nicht vorhanden. In Kanälen ist die Geschwindigkeit mit Rücksicht auf Beschädigungen von Uferböschung und Kanalsohle und Steuerfähigkeit beim Überholen begrenzt, so daß die volle Maschinenleistung nicht ausgefahren werden kann. Während bei Schleppzügen die wechselnden Fahrtbedingungen durch die Zahl der Anhangkähne in gewissen Grenzen ausgeglichen werden kann und Schlepper auf bestimmte Fahrgebiete spezialisiert sind, werden Selbstfahrer auf den Kanalstrecken nur mit stark reduzierter Leistung fahren können, wenn sie nicht dazu übergehen, dort noch einen oder 2 Kähne zu schleppen.

Es ist nun die Aufgabe einer Schiffbauversuchsanstalt, alle Bewegungseigenschaften der Schiffe unter den dargestellten verschiedenartigen Fahrbedingungen zu untersuchen. Das wichtigste Arbeitsgebiet sind Untersuchungen von Schiffsform und Antrieb, also der Faktoren, die die Wirtschaftlichkeit der Schiffe in erster Linie beeinflussen. Es ist die Schiffsform zu ermitteln, die den geringsten Widerstand besitzt und der Antrieb, der in Zusammenwirkung mit dem Schiffskörper den besten Gütegrad aufweist. Als Antriebsarten sind Schraubenpropeller mit und ohne Düse, Schaufelradantrieb, Voith-Schneiderpropeller und Sonderantriebe zu nennen. Sehr wichtig ist die Anpassung der Schiffsform an den jeweiligen Antrieb durch die Formgebung des Hecks, durch Schraubentunnel oder Schraubenschirme, die Ausbildung der Anhänge wie Wellenhosen, Wellenböcke und Ruder. Das oder die Ruder können einerseits die Güte der Propulsion wesentlich beeinflussen und haben andererseits wesentliche Bedeutung für das Manövrieren. Eine gute Anpassung des Ruders an Schiffskörper und Antrieb sichert dem Schiff die erforderliche Kursstetigkeit und Wendigkeit, die z.B. in der Kanalfahrt beim Begegnen und Überholen besonders wichtig sind. Weitere Probleme treten auf, wenn nicht einzelne Schiffe, sondern das Verhalten ganzer Schleppzüge zu untersuchen sind, wobei nicht nur die Formgebung der einzelnen Schiffe, sondern auch die Gesamtanordnung einen wesentlichen Einfluß besitzen. In der Kanalfahrt soll ferner die Wellenbildung möglichst gering sein und durch geeignete Schraubenanordnung die Beschädigung der Kanalsohle in erträglichen Grenzen gehalten werden. Die Gleichförmigkeit der Zuströmung zum Propeller ist nicht nur wesentlich für die Güte der Propulsion, sondern auch die Voraussetzung, um die von der Schraube angeregten Vibrationen zu verringern.

## IV. Durchführung des Baus

Die gesamte Planung der Versuchsanstalt lag in den Händen von Herrn Professor Dipl.-Ing. W. STURTZEL. Sie wurde durchgeführt auf der Grundlage der bisher vorliegenden Erfahrungen unter Berücksichtigung aller der Forderungen, die sich aus der Tatsache ergeben, daß die Anstalt dazu bestimmt ist, die besonderen Probleme der Binnenschiffahrt und des Binnenschiffbaus zu untersuchen und zu lösen. Mit Rücksicht auf die zur Verfügung stehenden Mittel ergab sich die Notwendigkeit, den Bau der Versuchsanstalt in zwei Bauabschnitten durchzuführen. Bei der Aufteilung der Bauabschnitte ging man davon aus, im ersten Bauabschnitt bereits alle die Anlagen zu erstellen, die notwendig sind, um alle Ansprüche, die regelmäßig an eine Versuchsanstalt auf dem Gebiete des Binnenschiffbaus gestellt werden, erfüllen zu können. Dies bedeutete, daß die Versuchsanlagen, Tanks, Schleppwagen und Strömungsanlage in diesem Bauabschnitt als Schwerpunkt anzusehen waren. Ferner mußte der Gesichtspunkt berücksichtigt werden, daß die spätere Durchführung des zweiten Bauabschnittes ohne allzu große Schwierigkeiten und Behinderung des laufenden Versuchsbetriebes erfolgen konnte. Man glaubte ferner mit großer Wahrscheinlichkeit annehmen zu können, daß die Versuchsanstalt in den ersten Jahren noch nicht voll ausgelastet sein würde. Außerdem war es wünschenswert, daß die Anstalt sich in ihrem Personalbestand allmählich und stetig aufbaute, damit es möglich war, die einzelnen Mitarbeiter in Büro und Werkstatt in ihre Aufgaben einzuarbeiten. Man rechnete von Anfang an damit, daß der Aufbau des Versuchsbetriebes von nur wenigen erfahrenen Versuchspraktikern durchgeführt werden mußte und der größere Teil der

Forschungsberichte des Wirtschafts- und Verkehrsministeriums Nordrhein-Westfalen

Mitarbeiter sich erst allmählich mit seinen Aufgaben und den Eigenarten des Versuchsbetriebes vertraut machen konnte. Die Hauptersparnisse im ersten Bauabschnitt wurden einerseits dadurch erreicht, daß man sich zunächst mit einer geringeren Länge des großen Schlepptanks benügte, was auch angesichts der damals noch bestehenden Bestimmungen der Besatzungsmächte für das Schiffbauversuchswesen vertretbar war. Andererseits wurde für die Werkstätten und Büroräume nur soviel Raum vorgesehen als unbedingt erforderlich schien. Auch die Ausstattung mit Meßgeräten wurde auf das unbedingt erforderliche Maß beschränkt. Die Bauleitung für den baulichen Teil lag in den Händen des Hochbauamtes der Stadt Duisburg, die statischen Rechnungen wurden von Herrn Dr.-Ing. FECHNER durchgeführt. Die Ausführung der Bauarbeiten erhielt die Firma Ed. Züblin AG., Duisburg. Der Bau des Schleppwagens und der Schienenanlage wurde von der Firma Gebr. Scholten, Duisburg, ausgeführt, den Antrieb des Schleppwagens und die elektrische Ausrüstung übernahm die AEG, Büro Duisburg. Die Pumpe für die Strömungsanlage lieferte die Firma Ruhrpumpen AG, Witten-Annen. Die Meßgeräte lieferte die Firma Kempf & Remmers, Hamburg. Ende Juli 1953 waren das Institutsgebäude und die Tankanlage im wesentlichen fertiggestellt. Im September 1953 wurde die Pumpenanlage eingebaut und im Dezember 1953 der Schleppwagen in die Gebäudehalle eingebracht und anschliessend montiert. Im Februar 1954 wurde die Tankanlage erstmalig mit Wasser gefüllt und anschließend der erste Probelauf vorgenommen. Im März 1954 begann die Einregulierung des Schleppwagens. Die Einweihung der Anstalt fand am 1o. Juni 1954 statt. Nachdem auch die Einrichtung der Werkstätten vervollständigt war, konnte im Anschluß an die Einweihung die Forschungstätigkeit aufgenommen werden.

## V. Beschreibung der Versuchsanlagen

### 1. Die Versuchstanks

Die wesentlichen Teile der Versuchsanlage sind die Schlepptanks, der Schleppwagen und die Strömungsanlage. Dazu gehören ferner noch die erforderlichen Werkstatt-, Lager- und Büroräume. Die Größe der Gesamtanlage ist maßgeblich bedingt durch die Größe der Schlepptanks. Während einerseits der Wunsch nach möglichst großen Tankabmessungen vom Standpunkt der Versuchstechnik besteht, liegt andererseits die Forderung vor, mit Rücksicht auf die Bau- und Betriebskosten eine möglichst kleine Anlage

Forschungsberichte des Wirtschafts- und Verkehrsministeriums Nordrhein-Westfalen

Abbildung 1
Gesamtansicht

zu bauen. Die geforderte Strömungsanlage bedingt ferner die Notwendigkeit, das Wasser im Kreislauf zu fördern. Ferner erschien es zweckmäßig, zwei Schlepptanks zu schaffen, von denen der eine für Versuche auf möglichst breitem Querschnitt entsprechend den üblichen Flußverhältnissen dienen sollte, während der andere Tank für Versuche auf Kanälen, also seitlich begrenztem Querschnitt, Verwendung finden sollte. Als drittes lag die Forderung nach einem Versuchsbecken vor, in dem Manövrierversuche durchgeführt werden sollten. Die Größe der Tanks richtet sich nach der Größe der zu schleppenden Modelle. Die Größe der zu schleppenden Modelle ist in der Hauptsache dadurch festgelegt, daß die Modellpropeller eine Größe besitzen, die es gestattet, einwandfreie Versuchsergebnisse zu erhalten. Die untere Grenze der Propellergröße liegt bei etwa 1oo - 12o mm. Geht man von der üblichen Propellergröße von Schleppern und Selbstfahrern aus, die im großen etwa 1,5o m beträgt, so ergibt sich ein Maßstab von etwa 1 : 12 bis 1 : 15 für die Modelle. Um die sich bei diesem Maßstab ergebenden Schiffsmodelle von 4 - 6 m Länge ohne wesentliche Beeinflussung durch die seitlichen Tankwände schleppen zu können, ist nach den vorliegenden Erfahrungen eine Tankbreite von annähernd der doppelten Modellänge erforderlich. Damit ergab sich für den großen Tank eine Breite von ca. 1o,o m. Die Wassertiefe sollte mindestens den üblichen Wassertiefen auf den europäischen Binnengewässern entsprechen. Als obere Grenze kann dabei für Flußschiffe die Wassertiefe des Unterrheins mit etwa 8,0 m angenommen werden. Damit war eine Wassertiefe des Tanks von mindestens 0,7 m erforderlich. Es bestand zwar der Wunsch, Flußschiffe im Maßstab 1 : 12 auch auf ∞ Wassertiefe zu untersuchen. Die dafür erforderlichen Wassertiefen des Tanks hätten die Vorteile des Flachwassertanks illusorisch gemacht. So wurde als Beckenhöhe 1,20 m gewählt, wobei im äußersten Grenzfall auch Wassertiefen von 1,10 m entsprechend 13,0 m Wassertiefe beim Maßstab 1 : 12 erreicht werden können. Die Tanklänge ergibt sich aus der einen Bedingung, daß neben der für Anfahrt und Beschleunigung erforderlichen Strecke auch noch mindestens eine Strecke = Meßzeit x Höchstgeschwindigkeit vorhanden sein sollte. Die Anfahr- und Bremsstrecke ergibt sich einerseits aus der Bedingung, daß dabei die Wagenräder noch nicht schleifen dürfen, andererseits dürfen durch die auftretenden Beschleunigungen die für die Versuche erforderlichen Meßinstrumente nicht überbeansprucht werden. Die Länge von Anfahr- und Bremsstrecke nimmt mit dem Quadrat der Schleppgeschwindigkeit zu. Nach den vorliegenden Erfahrungen mußte mit einem Anfahr- und Bremsweg von je 25 - 30 m gerechnet werden. Für die Messung war erfahrungsgemäß eine Zeit von mindestens 10 Sekunden erforderlich. Daraus und aus der vorgesehenen Höchstgeschwindigkeit von 5,5 m/s ergab sich für die Meßstrecke ein Mindestweg von 10 x 5,5 = 55 m. Unter

Abbildung 2
Großer Schlepptank

diesen Voraussetzungen ergab sich eine erforderliche Mindestlänge für den Tank von 115 m + 1 Wagenlänge. Außerdem war noch eine zweite Bedingung zu erfüllen, daß bei Versuchen im Bereich der kritischen Geschwindigkeit (Stauwellengeschwindigkeit) die Meßstrecke so lang ist, daß sich ein Beharrungszustand der Strömung und Wellenbildung um das Modell ausbildet. Diese kritische Geschwindigkeit ermittelt sich aus der Formel $v = \sqrt{g \cdot H_w}$ (m/s) (g = Erdbeschleunigung m/s$^2$ $H_w$ = Wassertiefe m). Sie liegt im ungünstigsten Fall bei der größten vorgesehenen Tankwassertiefe von 1,1 m bei etwa 3,3 m/s und in den normalen Fällen bei etwa 2,0 m/s und darunter. Der Beharrungszustand stellt sich nur allmählich ein und strebt asymptotisch dem Endzustand zu. Über die hierfür erforderliche Meßstrecke sind bisher keine konkreten Zahlenwerte bekannt. Für den ersten Bauabschnitt wurde eine Tanklänge von 90,7 m gewählt. Sie entspricht mit je 22 m Anfahr- und Bremsweg bei einer Wagenlänge von 14 m abzüglich 8 m Schienenüberhang einer zunächst auf 4,0 m/s begrenzten Höchstgeschwindigkeit. Für den schmalen Tank für Kanalversuche ergab sich bei den angenommenen Modellgrößen eine Breite von 3,0 m. Um wenigstens mit kleinen Modellen Versuche auf unbeschränkter Wassertiefe ausführen zu können, wurde der vordere Teil des schmalen Tanks mit größerer Tiefe von 2,75 m vorgesehen.

A b b i l d u n g  3
Kleiner Schlepptank

Der große und der kleine Tank sind nebeneinander gelegt und durch einen Betriebsgang voneinander getrennt. Vom Betriebsgang aus können die Modelle während des Versuches beobachtet werden. Die Betonwand zwischen Betriebsgang und dem kleinen Tank dient als Träger der Führungs-Schiene für den Schleppwagen. Dadurch wird erreicht, daß auch die Versuche im schmalen Tank vom Schleppwagen aus durchgeführt werden können. Es ist ferner die Möglichkeit vorgesehen, im Betriebsgang eine Fahrbahn für einen kleinen Schleppwagen einzubauen, mit dem im großen Tank Begegnungs- und Überholungsversuche durchgeführt werden können.

Für den Manövrierteich war zu fordern, daß bei den vorgesehenen Modellgrößen volle Drehkreise gefahren werden konnten. Für diesen Zweck wurden die Abmessungen 25 x 25 m für ausreichend gehalten. Bei der Anordnung der Tanks und ihrer Größe war ferner noch der Gesichtspunkt maßgebend, daß der Versuchsbetrieb möglichst so durchgeführt werden sollte, daß bei einem normalen mittleren Wasserstand in allen Versuchsbecken der Versuchsbetrieb bei allen möglichen Wassertiefen durchgeführt werden kann, ohne daß dabei Wasser aus der städtischen Wasserleitung entnommen oder ins Siel abgelassen werden muß. Ferner sollten die Modelle schwimmend von einem Tank in den anderen überführt werden können und eine Abtrennung der einzelnen Versuchsbecken durch herausnehmbare Trennschotte voneinander möglich sein.

A b b i l d u n g   4
Manövrierteich

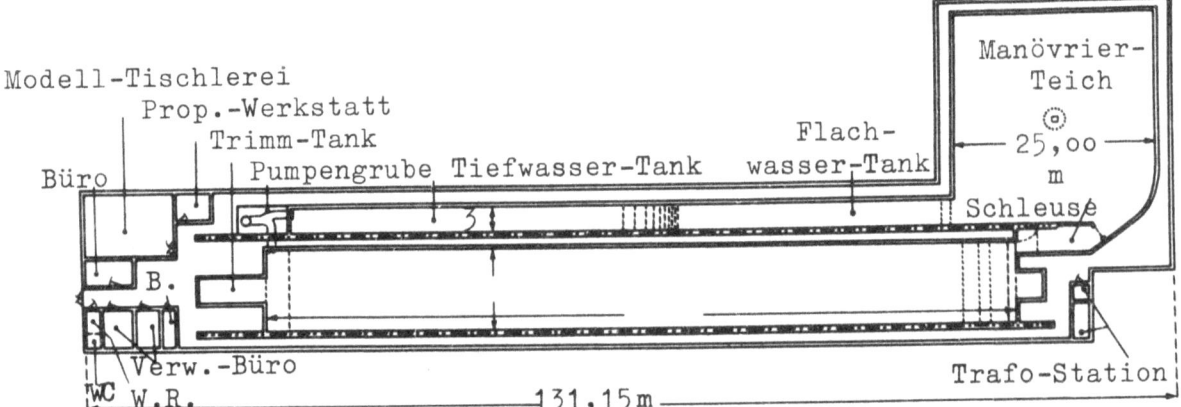

Abbildung 5
Grundriß der Versuchsanstalt

Die als Anlage beigefügte Skizze zeigt die endgültig gewählte Anordnung der Versuchstanks im Grundriß. Das Fassungsvermögen der Versuchstanks beträgt 2000 m$^3$. Die normale Füllung beträgt 1000 m$^3$.

2a. Der Schleppwagen und die Schienenanlage

Die Auswahl der besten Schleppeinrichtung war Gegenstand eingehender Überlegungen in Bezug auf die gesamte Einrichtung und den Antrieb. An die Schleppeinrichtung waren folgende Anforderungen zu stellen:

1. Die Einrichtung mußte so konstruiert sein, daß alle vorkommenden Versuche mit ihr ausgeführt werden konnten.

2. Bei allen in Frage kommenden Wassertiefen bis 1,1 m mußte eine einwandfreie und zuverlässige Bedienung der Meßgeräte möglich sein.

3. Die Versuchseinrichtung mußte praktisch beschleunigungs- und schwingungsfrei arbeiten.

4. Während der Versuche mußte auch eine Beobachtung des Modells und der Strömung und Wellenbildung um das Modell möglich sein.

5. Es mußte soviel Platz vorhanden sein, daß die Versuche fortlaufend an Ort und Stelle ausgewertet und auch Besuch - Auftragsgeber oder Studenten - an den Versuchen teilnehmen konnten.

Zur Wahl standen eine Schleppeinrichtung mit Seilwinde oder mit Schleppwagen. Bei der Seilwinde wird das Modell mittels eines Zugdrahtes durch den Versuchskanal gezogen und an einem zweiten Draht geführt. Diese Einrichtung hat für Widerstandsversuche unbedingt Vorteile, da sie relativ billig und das Modell frei im Schlepptank sichtbar ist und von den Seiten aus ungestört beobachtet werden kann. Die Widerstandsmessung läßt sich sehr zuverlässig ausführen. Die Messung von Trimm und Tauchung macht schon merkliche Schwierigkeiten. Die Versuche mit dem selbstangetriebenen Modell erfordern einen wesentlich höheren Versuchsaufwand, da der Strom für den Modellantrieb von außen her zugeführt und geregelt werden muß. Die Messung von Drehmoment und Schub muß entweder durch Ablesung vom Land aus oder durch Registrierung im Modell erfolgen. Der zeitliche Aufwand ist ebenfalls wesentlich höher, da für jede Geschwindigkeit die richtige Schraubenbelastung durch mehrere Messungen bestimmt werden muß. Ruderdrehmoment- und Querkraftmessungen sowie Schlängelversuche lassen sich mit einer solchen Einrichtung überhaupt nicht einwandfrei durchführen.

Die Erfüllung der geforderten Bedingungen war daher nur mit einem großen Schleppwagen möglich. Am zweckmäßigsten erschien die auch in den meisten Schleppversuchsanstalten der Welt übliche Ausführung eines Wagens, der zu beiden Seiten des Tanks auf Schienen läuft. Es erschien geboten, auf diesem Wagen nicht nur die gesamte Antriebsanlage, sondern auch den Führerstand unterzubringen. So kann der ganze Meßbetrieb eng zusammengefaßt werden und es ist eine einwandfreie Verbindung zwischen den einzelnen Versuchsteilnehmern gesichert. Ein solcher Wagen erfordert zwar zu Anfang einen wesentlich größeren Aufwand, ergibt aber die Möglichkeit, die Versuche schneller und zuverlässiger auszuführen und erhöht damit gleichzeitig erheblich die Kapazität der Anlage, so daß in der gleichen Zeit mehr Versuche ausgeführt werden können. Auf einem solchen Wagen besteht ferner die Möglichkeit, die Bühne mit den Meßeinrichtungen und die Bedienungsplattformen für die Versuchsbearbeiter dem jeweiligen Wasserstand entsprechend zu heben oder zu senken, so daß die Arbeits- und Beobachtungsmöglichkeiten wesentlich verbessert sind. Solche Verstelleinrichtungen sind bisher bei Schleppwagen nicht üblich und auch nicht notwendig gewesen. Sie sind bei der neuen Anlage wegen der veränderlichen Höhe des Wasserspiegels aber unbedingt notwendig.

Damit die erforderliche Laufruhe und Beschleunigungsfreiheit im Betrieb sichergestellt werden, muß die Schienenanlage etwas anders ausgeführt werden als sonst bei Schienenfahrzeugen üblich. Die Laufräder des Wagens erhalten keine Spurkränze und werden sauber geschliffen. Der Gerad-Lauf

Abbildung 6
Schleppwagen mit Meßbühnen

ist zunächst durch eine sehr sorgfältige Ausrichtung der Laufräder gesichert. Außerdem sind auf der linken Seite des Wagens am vorderen und hinteren Ende je 4 Rollen mit vertikaler Achse angebracht, von denen je 2 an der Innenseite und an der Außenseite der Schiene abrollen. Der lichte Abstand zwischen Schiene und Führungsrollen ist verstellbar und beträgt im normalen Betrieb nur etwa o,5 mm.

Dieses geringe Spiel erfordert eine große Präzision in der Herstellung und Ausrichtung der Laufschienen. Aus diesem Grunde sind die Laufschienen aus einem schweren Profil hergestellt, das auf der Oberseite und an den Seiten gehobelt ist. Die Schienen sind im Abstand von 600 mm in Spezialklammern gelagert, die in einen Betonträger eingegossen sind. Die Schienen können durch Schrauben seitlich verschoben und damit ausgerichtet werden. In der Höhenrichtung werden sie mit Hilfe einer Spezialwasserwaage $\pm$ o,1 mm genau ausgerichtet. Die Schienen bestehen aus einzelnen Längen von 15,o m, die durch Spezialverbindung miteinander verbunden sind. An den Enden der Schienenbahn sind Puffer vorgesehen, die als letzte Möglichkeit den Schleppwagen bremsen sollen. Der Meßwagen ist eine Gitterkonstruktion von 13,7 m Länge und 11,5 m Spurweite. Der Antrieb erfolgt durch einen Elektromotor über ein Getriebe auf die beiden vorderen Räder, die durch die gemeinsame Antriebswelle starr miteinander gekuppelt sind.

Forschungsberichte des Wirtschafts- und Verkehrsministeriums Nordrhein-Westfalen

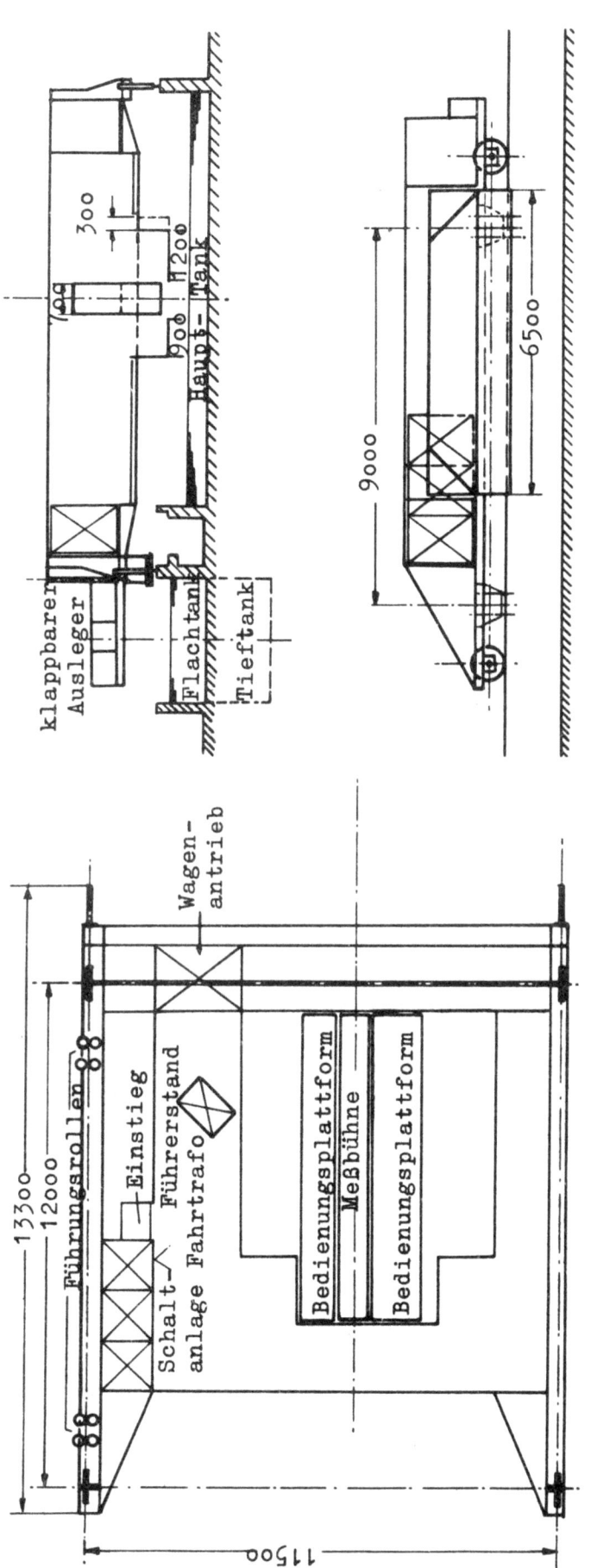

Abbildung 7
Modellschleppwagen

*Forschungsberichte des Wirtschafts- und Verkehrsministeriums Nordrhein-Westfalen*

Eine vor den Antriebsrädern exzentrisch angebrachte rotierende Bürste mit vertikaler Achse übernimmt die Reinigung der Schienen. Der Schleppwagen ist ungefedert. Er enthält in seinem Mittelteil die Meßbühne, auf der ein Teil der Meßgeräte angebracht ist und zu beiden Seiten der Meßbühne die beiden Bedienungsplattformen. Meßbühne und Bedienungsplattformen können dem Wasserstand entsprechend gehoben und gesenkt werden. Die Bedienungsplattformen sind außerdem noch in der Seitenrichtung verschieblich. Auf der linken Seite - in der Hauptfahrtrichtung gesehen - liegen der Führerstand und die gesamte elektrische Anlage.

## 2b. Der Schleppwagenantrieb

Für die Festlegung der maximalen Schleppwagengeschwindigkeit war zu fordern, daß sie für die größten bei Flußfahrzeugen vorkommenden Modellgeschwindigkeiten ausreichen mußte. Diese sind bei kleinen schnellen Dienst- und Sportfahrzeugen zu erwarten. Unter Berücksichtigung des für solche Fahrzeuge üblichen Modellmaßstabes wurde eine Schleppwagengeschwindigkeit von 5,5 m/s als ausreichend angesehen. Damit können korrespondierende Geschwindigkeiten von etwa 60 - 65 km/h bzw. 35 Kn im Modellversuch erreicht werden.

Für den elektrischen Wagenantrieb und seine Regelung wurden folgende Bedingungen gestellt:

1. Die Anlage muß mit wirtschaftlich vertretbaren Mitteln einen möglichst kurzen Anfahr- und Bremsweg erzielen lassen. Gewünscht wurde ein Anfahrweg von etwa 25 m bis zur Erreichung der maximalen Geschwindigkeit von 5,5 m/s.

2. Um einen möglichst großen Geschwindigkeitsbereich überstreichen zu können, wurde ein Regelbereich von mindestens 1 : 100 gefordert.

3. Die Größe der Beschleunigung beim Anfahren und Bremsen muß einstellbar sein.

4. Der Übergang von der Beschleunigungs- in die Beharrungsfahrt muß möglichst schnell, aber pendelfrei erfolgen.

5. Nach Erreichen der Meßgeschwindigkeit muß diese mit einer Genauigkeit von $\pm$ 1 Promille konstant gehalten werden.

6. Die Meßgeschwindigkeit muß jederzeit reproduzierbar sein.

7. Der gesamte Ablauf der Meßfahrt muß vom Anfahrkommando ab selbsttätig erfolgen können.

Bisher ist für den Schleppwagenantrieb immer ein Leonardantrieb verwendet worden, bei dem in neueren Anlagen die Geschwindigkeit elektronisch geregelt wird. Im vorliegenden Fall sind aber die Anforderungen an die Beschleunigungsfähigkeit, an die Konstanz der Geschwindigkeit und Genauigkeit der Geschwindigkeitseinstellung erheblich höher gestellt worden. Sie sind bedingt durch die Eigenart der Modellversuche auf flachen Wasser. Im Bereich der Stauwellengeschwindigkeit steigt der Schiffswiderstand auf flachem Wasser außerordentlich steil an, so daß bei einer Geschwindigkeitszunahme von nur 2 - 3 % Widerstand und Antriebsleistung um 200 bis 300 % ansteigen können. Um in diesem Bereich den genauen Verlauf der Widerstands- und Leistungskurven schnell und sicher bestimmen zu können, ist eine sehr genaue und zuverlässige Geschwindigkeitseinstellung notwendig. Außerdem ist es bei Trossenzug- und Rudermessungen sehr wichtig, daß eine ganze Serie von Meßfahrten mit einwandfrei konstanter Geschwindigkeit gefahren werden kann.

Mit Rücksicht auf die hohen gestellten Forderungen in Bezug auf Genauigkeit und trägheitslose Regelung und in Anbetracht der in den letzten Jahren erreichten Fortschritte der elektronischen Regeltechnik fiel für den Wagenantrieb die Entscheidung auf einen stromrichtergespeisten Gleichstrommotor mit vollelektronischer Regelung.

Die elektrische Ausrüstung des Schleppwagens besteht aus einem Stromrichter-Transformator, einem Stromrichter und einem Gleichstrommotor, der von dem Stromrichter gespeist wird. Die Motordrehzahl und damit die Wagengeschwindigkeit hängen von der Höhe der Stromrichterspannung ab. Diese kann mit Hilfe der Gittersteuerung trägheitslos verstellt werden. Über ein umschaltbares Getriebe ist mit der Antriebswelle der vorderen Räder eine Drehzahlmeßmaschine gekuppelt, die eine der Drehzahl und damit der Geschwindigkeit direkt proportionale Spannung abgibt. Diese "Istwertspannung" wird mit einer von Hand einstellbaren "Sollwertspannung" im Regler verglichen. Überwiegt die eine oder andere, so verstellt der Regler die Gittersteuerung des Stromrichters und damit die Spannung und Drehzahl des Antriebsmotors in der einen oder anderen Richtung. Der Regler verändert die Drehzahl des Motors solange, bis die der Geschwindigkeit

Abbildung 8
Fahrtransformator und Gleichrichter

Abbildung 9
Wagenantrieb

entsprechende vorgegebene Sollwertspannung der Istwertspannung an der Drehzahlmeßmaschine entspricht.

Um den mit einem Gewicht von etwa 20 t projektierten Wagen auf einer Strecke von 25 m bis auf 5,5 m/s beschleunigen zu können, wurde ein Motor mit einer Nennleistung von 33 kW bei einer Nenndrehzahl von 1700 U/min gewählt. Trotz eines gegenüber der Projektierung etwa 5 t größeren Wagengewichts von etwa 25 t ermöglicht die elektrische Ausrüstung durch eine stärker als ursprünglich vorgesehene Überlastung einen Hochlauf des Wagens auf 5,5 m/s innerhalb eines Weges von etwa 30 m bei einer Zeit von 11,7 sec.

Während der Beschleunigungsperiode wird dem Motor 300 % seiner Nennleistung abverlangt, während er bei der Meßfahrt etwa mit 10 % belastet ist. Die kurzen Anfahr- und Bremswege mit dem verhältnismäßig kleinen Antriebsmotor werden einmal durch die hohe Überlastungsfähigkeit des Motors, zum andern durch die Eigenart der elektronischen Steuerung ermöglicht. Die elektronische Steuerung arbeitet fast trägheitslos, wodurch der Motor innerhalb einiger Millisekunden den vollen Beschleunigungsstrom führen kann. Die an der Strombegrenzung eingestellte Höhe des Anfahrtsstroms bleibt während der Beschleunigung auf dem eingestellten Wert stehen, bis die Meßgeschwindigkeit erreicht ist. Durch den annähernd rechteckigen Verlauf des Beschleunigungsstroms mit seinen fast steilen Flanken steht vom ersten Anfahrtskommando bis zum Einlauf in die Maßgeschwindigkeit die volle Beschleunigung zur Verfügung. Durch diese Tatsache einerseits und durch die Möglichkeit, die Beschleunigung bis dicht an die Grenze der Haftfähigkeit der Räder auf den Schienen zu treiben, lassen sich die kurzen Anfahrtswege erzielen. Dies wäre mit Leonard-Umformern wegen der den Generatoren anhaftenden Trägheit nicht möglich gewesen.

Um die bei sehr kleinen Drehzahlen der Drehzahlmeßmaschine vorhandenen Abweichungen von der Linearität zu vermeiden, wird von einer Wagengeschwindigkeit unter etwa 0,3 m/s ab das Übersetzungsgetriebe umgeschaltet, wodurch die Meßmaschine eine vierfach höhere Drehzahl macht und die abgegebene Spannung bei der gleichen Wagengeschwindigkeit ebenfalls vierfach größer ist. Der Regler läßt diesen Betriebszustand aber nicht zu, sondern regelt die Drehzahl solange herunter, bis die Spannung der Meßmaschine dem vorgegebenen Spannungswert entspricht, d.h. der Wagen fährt mit 1/4 der Geschwindigkeit bei normalem Getriebeübersetzungsverhältnis.

Durch diese Maßnahme wird erreicht, daß die verlangte Promille-Genauigkeit über einen Regelbereich von mindestens 1 : 200 erhalten bleibt.

Während des Anfahrens und Bremsens wird der Vergleich von Soll- und Istwertspannung im Regler unwirksam gemacht. Anstelle des Spannungsvergleichs tritt ein Stromvergleich, der dafür sorgt, daß der Stromrichter dem Motor nur einen solchen Strom aufdrückt, wie er durch die von Hand einstellbare Strombegrenzung vorgesehen war. Das Umschalten des Reglers von der Spannungs- auf die Stromregelung und umgekehrt geht automatisch und stufenlos vor sich. Da das Motormoment und damit die Beschleunigung dem Strom direkt proportional sind, kann durch Handverstellung der Strombegrenzung die Beschleunigung und Verzögerung während der Anfahrt und während des Bremsens verändert werden. Es ist dadurch möglich, auch weich anzufahren und zu bremsen, um empfindliche Meßgeräte zu schonen. Durch eine entsprechende Auslegung und Einstellung des Reglers wird erreicht, daß der Übergang von der Beschleunigung in die Beharrung schnell und praktisch ohne Pendeln erfolgt, um die zur Messung benötigte Zeit nicht unnütz zu verkürzen.

Zur Erzielung einer promille-genauen Geschwindigkeit während der Meßfahrt sind sämtliche wichtigen Spannungen bis zu dreifach stabilisiert. Durch diese Maßnahme und durch Verwendung weitgehend temperaturunabhängiger Bauelemente lassen sich die Abweichungen der Geschwindigkeit während der Meßfahrt auf $\pm$ 1 Promille reduzieren.

Für die Vorwärts- und Rückwärtsfahrt ist je eine Einstellmöglichkeit vorgesehen. Hierdurch wird vermieden, daß der eingestellte Geschwindigkeitswert für die Meßfahrt während der Rückwärtsfahrt verstellt werden muß, da letztere in der Regel mit einem kleineren Wert erfolgt. Es ist deshalb möglich, eine ganze Serie von Meßfahrten hintereinander mit konstanter Geschwindigkeit zu fahren.

Sowohl die Abweichungen der Geschwindigkeit während der Meßfahrt als auch die Differenzen der mittleren Geschwindigkeiten mehrerer Meßfahrten untereinander liegen in den Grenzen von $\pm$ 1 Promille.

Ein geübter Wagenfahrer ist in der Lage, den gewünschten Geschwindigkeitswert vor Beginn der Meßfahrt mit Hilfe eines Präzisionsmeßinstrumentes mit einer Genauigkeit von etwa 1 - 2 Promille einzustellen. Die vorstehend erwähnten Abweichungen sind so gering, daß sie mit den Registrierinstrumenten kaum noch nachweisbar sind.

Abbildung 1o
Führerstand auf dem Meßwagen

Die Steuerung ist so ausgelegt, daß für den gesamten Ablauf einer Fahrt nur ein Druckknopf betätigt zu werden braucht. Der Wagen läuft dann mit der vorgegebenen Beschleunigung auf den eingestellten Geschwindigkeitswert und bremst automatisch bei Berühren eines Endlineals motorisch ab. Die kinetische Energie der Massen wird in Form von elektrischer Energie ins Netz zurückgespeist. Dabei arbeitet der Gleichrichter als Wechselrichter. Sollte die elektrische Bremsung, durch elektrische oder magnetische Störungen verursacht, nicht einsetzen, so fällt eine Sicherheitsbremse ein, die im normalen Zustand durch einen Motor dauernd gelüftet ist und nur im Störungsfalle oder bei Ausfall der Spannung anspricht. Diese Bremsung kann auch durch einen besonderen Notbremsschalter auf dem Führerstand eingeleitet werden. Eine dritte auf dem Wagen befindliche Handbremse steht in Notfällen außerdem noch zur Verfügung.

Nach Betätigung eines Umschalters und erneutem Drücken des Anfahrknopfes läuft der Wagen mit der vorher eingestellten Beschleunigung und Geschwindigkeit in die Ausgangsstellung zurück und setzt sich dort ebenfalls automatisch still.

Mit Rücksicht auf die möglicherweise auftretende hohe Luftfeuchtigkeit wurden sämtliche Geräte, insbesondere Transformatoren und Spulen, mit einem Spezialisolierlack, der auch für feuchtes Tropenklima Verwendung findet, behandelt. Etwaige Schwitzwasserbildungen in den Schränken werden durch Heizungselemente beseitigt. Im Schalt- und im Verstärkerschrank sind diese Heizungen dauernd in Tätigkeit, während sie am Stromrichtergefäß und am Stromrichtertransformator nur beim Anfahren kurzzeitig eingeschaltet werden. Während des Betriebs verhindert die entstehende Betriebswärme von sich aus eine Kondenzwasserbildung.

## 3. Die Strömungsanlage

Schiffsmodellversuche in Strömung sind bisher nur in seltenen Fällen ausgeführt worden. Eine kleinere Anlage besaß bis zum Kriegsende die Hamburgische Schiffbauversuchsanstalt. Im übrigen sind einige kleinere Strömungsanlagen bekannt, die in ihrem Grundprinzip ähnlich den in der Aerodynamik üblichen Windkanälen sind. Soweit Ergebnisse bekannt geworden sind, haben diese letzteren Kanäle bisher keine restlos befriedigenden Ergebnisse gebracht. Die Versuchsanstalt für Binnenschiffbau in Duisburg verfolgt mit ihrer Strömungsanlage das Ziel, im Schlepptank eine Strömung zu erzeugen, die einer üblichen Flußströmung entspricht, um auf diese Weise die Schiffsmodelle unter Flußbedingungen untersuchen zu können. Es wird also das bewährte Prinzip des Schleppens beibehalten und nur zusätzlich eine Strömung erzeugt. Dafür müssen aber die Querschnitte so groß sein, daß keine wesentliche Beeinflussung der Versuchsergebnisse durch die seitliche Begrenzung eintritt. Die Bemessung der Pumpenanlage für die Erzeugung der Strömung konnte deshalb in mäßigen Grenzen gehalten werden. An die Anlage waren folgende Anforderungen zu stellen:

1. Ausreichende Fördermenge der Pumpe

2. Eine einfache und eindeutige Regelung der Fördermenge

3. Eine Einrichtung zur einfachen und eindeutigen Regelung der Wassertiefe

4. Leiteinrichtungen, die eine gleichförmige und symmetrische Verteilung der Strömung über die Tankbreite sicherten. Die Strömung mußte eindeutig reproduzierbar sein.

Die Förderung mußte so bemessen werden, daß die auf den deutschen Strömen vorkommenden Stromgeschwindigkeiten im Modellversuch erreicht werden konnten. Hierfür ist es ungünstig, daß in den Flüssen mit zunehmendem

Wasserstand auch die Stromgeschwindigkeiten zunehmen. Bei einer Förderpumpe, deren Liefermenge begrenzt ist, ergibt sich, daß bei konstanter Fördermenge die Geschwindigkeit im Meßquerschnitt mit abnehmender Wassertiefe zunimmt. Da die Strömungsverhältnisse bei Hochwasser im allgemeinen nicht so interessant sind und nur Ausnahmefälle darstellen und die Pumpenanlage in diesem Fall unverhältnismäßig groß ausgefallen wäre und auch bei normalen Stromgeschwindigkeiten schon Schwierigkeiten bei der Regelung eintreten konnten, wurde eine kleinere Pumpenanlage gewählt. Es kommt hinzu, daß ein wesentlicher Einfluß der Strömung erst bei geringen Wassertiefen zu erwarten ist. So wurden für die Bemessung der Pumpenleistung die Stromverhältnisse des Oberrheins zugrundegelegt. Gewählt wurde eine Propellerpumpe mit einer Antriebsleistung von 54 kW und einer Fördermenge von 5500 $m^3$/h. Damit läßt sich für eine Wassertiefe von 3,0 m eine Stromgeschwindigkeit von 11,0 km/h erreichen. Die Fördermenge der Pumpe kann durch Verstellung der Propellerflügel in den erforderlichen Grenzen geregelt werden.

Die Wassertiefe im Versuchsquerschnitt wird durch ein verstellbares Überfallwehr am Anfang der Meßstrecke eingestellt. Dadurch wird das Wasser im großen Tank soweit angestaut, als es die jeweilige Versuchsaufgabe erfordert.

Abbildung 11
Überfallwehr

Abbildung 12
Eintritt der Strömung in den Schleusenkanal

Da wegen der erforderlichen Trennung der einzelnen Versuchstanks die Verbindungsquerschnitte begrenzt waren und aus baulichen Gründen der Eintritt der Strömung in den großen Tank nicht in der Mitte, sondern an der Seite der Stirnfläche erfolgen mußte, erforderte die gleichmäßige Verteilung der Strömung über den Tankquerschnitt eine sehr sorgfältige Ausbildung der Leiteinrichtungen. Das Wasser wird beim Austritt aus dem Manövrierteich durch Krümmer umgelenkt und tritt durch den Schleusenkanal in den großen Tank ein. Dort wird es durch Umlenkungsschaufeln in einen tiefen Quergraben am Ende des Tanks über die ganze Breite verteilt. Die Feinregelung der Verteilung erfolgt durch 19 verstellbare Leitbleche, die etwa 2,0 m hinter dem Graben liegen. Hinter diesen Leitblechen liegt noch ein Gleichrichter aus Eternitwellplatten, aus dem die Strömung symmetrisch und gleichmäßig verteilt in die Meßstrecke eintritt.

Um in gleicher Weise Strömungsversuche im kleinen Tank mit über 3-facher Geschwindigkeit ausführen zu können, hat die Förderpumpe einen doppelten Satz Ein- und Austrittsschieber erhalten. Auf diese Weise wird erreicht, daß die Strömung in den Tanks umgekehrt werden kann.

4. Werkstatt und Büroräume

Der Ausbau der Werkstätten und Büroräume ist nur als Provisorium anzusehen und ist in engsten Grenzen gehalten worden. Es wurde zunächst

Abbildung 13
Strömungsleiteinrichtung

darauf verzichtet, die Modelle aus Paraffin herzustellen und auf einer Kopierfräsmaschine zu bearbeiten. Die Modelle werden jetzt aus Holz in Schichten zusammengeleimt und nach Schablone bearbeitet. Diese Methode die sich nach dem Krieg auch bei der Hamburgischen Schiffbauversuchsanstalt gut bewährt hat, erfordert ein größeres handwerkliches Können der Modelltischler und ergibt etwas höhere Modellkosten.

Man wird aber bei den relativ niedrigen und langen Binnenschiffsmodellen niemals vollkommen auf Holzmodelle verzichten können, da diese Modelle sich im Laufe der Zeit wesentlich weniger verformen und länger aufbewahrt werden können. Diese Vorteile verdienen bei den Typschiffen der Binnenschiffahrt besondere Beachtung. So können z.B. Ruder- und Manövrierversuche häufig mit vorhandenen Modellen ausgeführt werden, so daß Modellherstellungskosten gespart werden. Die Modelltischlerei konnte infolgedessen relativ klein gehalten werden. Sie besteht aus einem Raum 11,0 x 7,0 m, in dem die erforderlichen Bearbeitungsmaschinen eine Dicktenhobel- und Abrichtmaschine und eine Bandsäge aufgestellt sind. Dazu kommt noch eine Hobelbank und ein Balkenrost für die Modellherstellung.

Die mechanische Werkstatt ist ein kleiner Raum von 4,20 x 3,20 m. Sie dient zur Herstellung der Modellpropeller und zur Ausführung der erforder-

Abbildung 14
Holzmodellherstellung

Abbildung 15
Hinterschiff mit 4 Rudern und Düsen

lichen Dreharbeiten und sonstigen Metallbearbeitung wie Wellen, Stevenrohre, Wellenböcke, Ruderlagerungen und Meßverrichtungen. In der Werkstatt sind eine Drehbank, eine Säulenbohrmaschine und 2 Werkbänke auf-

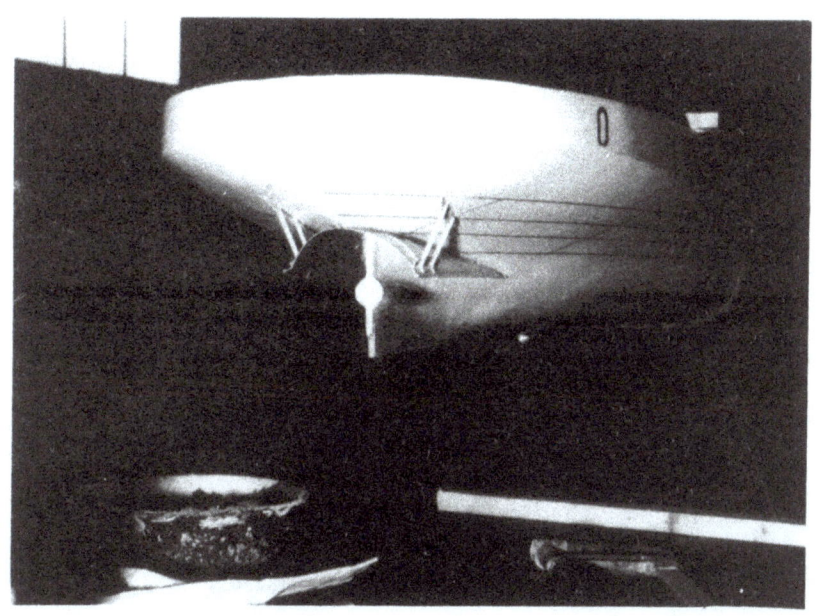

Abbildung 16
Hinterschiff mit Schraubenschirm

Abbildung 17
Propeller auf der Drehbank

gestellt. Hier ist auch eine Präzisionsmaschine zum Anbohren und Aufmessen der Modellpropeller aufgestellt. Die Modellpropeller werden aus Weißmetall gegossen und auf der Drehbank vorgedreht. Dann werden durch Anbohren

Abbildung 18
Aufmessen eines Modellpropellers

einzelne Punkte des genauen Flügelprofils festgelegt und das dazwischenliegende Material mit einer Handfräsmaschine, Feile und Schmirgelpapier abgearbeitet, bis die genaue Form des Propellers hergestellt ist. Zum Schluß wird der Propeller poliert und die Herstellung durch Aufmessen kontrolliert.

Das letzte Ausrichten des Modells und der Wellen erfolgt auf einer Richtplatte, die neben dem Trimmtank in der Schlepphalle aufgestellt ist. Das ausgerichtete Modell wird auf einer Waage gewogen und der zu erreichenden Verdrängung entsprechend belastet. Sodann wird es mittels Flaschenzug an einer Kranbahn in den Trimmtank gesetzt, wo es auf Tiefgang und Verdrängung genau eingetrimmt wird.

Die Ausstattung des Instituts mit Meßgeräten ist zunächst nur auf den allernotwendigsten Bedarf für die normalerweise anfallenden Versuchsaufgaben beschränkt. Dies ergab sich einerseits mit Rücksicht auf die zur Verfügung stehenden Mittel, andererseits sollten auch Fehlinvestitionen vermieden werden, weil sich erfahrungsgemäß bei neuen Anlagen mit spezialisierter Zweckbestimmung auch neue Erfahrungen ergeben, die eine Anpassung der Meßgeräte und Versuchseinrichtungen an die neuen Versuchsbedingungen erfordern.

Abbildung 19
Modell auf der Richtplatte

Die Büroräume sind im vordersten Teil der großen Schlepphalle provisorisch eingebaut und sollen beim 2. Bauabschnitt in ein Gebäude verlegt werden, das die Anstalt an der Straße abschließen soll. Es sind vorhanden ein Zimmer für den Leiter der Anstalt, ein Zimmer für Anmeldung und Verwaltung, 2 kleine Zimmer für die Sachbearbeiter und auf dem Dachboden darüber ein behelfsmäßiger niedriger Raum für den Betriebsingenieur und das Personal zur Versuchsauswertung. Als Zeichen- und Konstruktionsbüro steht noch ein Zimmer in der Staatlichen Ingenieurschule zur Verfügung.

## VI. Betriebserfahrung

Nach der Einweihung sind die Versuchsanlagen einer eingehenden Erprobung unterzogen worden. Dabei bestätigte sich, daß die Tankanlage im wesentlichen allen Erwartungen entspricht.

In einzelnen Fällen hat es sich jedoch herausgestellt, daß die im ersten Bauabschnitt beschränkte Tanklänge sehr knapp ist und es großer Aufmerksamkeit und Geschicklichkeit des Versuchsleiters bedarf, um einwandfreie Meßergebnisse zu erzielen.

Aus diesem Grunde ist der weitere Ausbau des großen Tanks dringend notwendig. Der Schleppwagen und der elektronisch gesteuerte Antrieb hat in

Abbildung 20
Wellenbildung bei einem Selbstfahrer

vollem Umfange den Erwartungen entsprochen und in der bisherigen Betriebszeit von fast einem Jahr einwandfrei gearbeitet. Der gleichförmige, beschleunigungsfreie Lauf während der Messungen und die Genauigkeit der Geschwindigkeitsregelung ergaben gegenüber den an anderen Versuchsanstalten üblichen Wagenantrieben einen wesentlichen Vorteil, der sich bei den Flachwasserversuchen besonders auswirkt. Die Strömungsanlage erforderte ziemlich eingehende Untersuchungen, bis eine gleichmäßige symmetrische Strömung erreicht war. Die Geschwindigkeitsverteilung der Länge, Breite und Tiefe nach entspricht jetzt durchaus den Erwartungen und den bei gleichförmiger und symmetrischer Flußströmung gemessenen Werten.

In einem Punkt haben sich die bei der Inbetriebnahme der Anstalt gehegten Erwartungen nicht erfüllt, und es haben sich einige Schwierigkeiten ergeben. Es war zunächst angenommen worden, daß die Inanspruchnahme durch die Industrie langsam ansteigen würde. Tatsächlich trat aber zu Anfang des Jahres 1955 eine erhebliche Steigerung des Auftragsbestandes ein, die dazu führte, daß ab Februar 1955 im Versuchsablauf ein Zwei-Schichtenbetrieb eingeführt werden mußte, der voraussichtlich das ganze Jahr anhalten wird. Dies machte sich ebenso in den Werkstätten bemerkbar, wo oft Engpässe zu überwinden sind. Da es nicht möglich ist, solche Arbeits-

Forschungsberichte des Wirtschafts- und Verkehrsministeriums Nordrhein-Westfalen

Abbildung 21

Heckwasser eines schleppenden Selbstfahrers

Abbildung 22

Geschleppter Kahn

spitzen mit nicht eingearbeiteten Arbeitskräften zu überwinden und auch die Raumverhältnisse eine Vergrößerung der Belegschaft kaum noch gestatten, entstand für den Mitarbeiterstab des Instituts eine erhebliche Mehrbelastung, die nur langsam abgebaut werden kann.

## VII. Zusammenfassung

1. Das Modellversuchswesen ist für den Schiffbau unbedingt notwendig, da eine rechnerische Vorausbestimmung der Antriebsleistung und der Bewegungseigenschaften nicht möglich ist und der Ingenieur somit auf das Experiment angewiesen ist.

2. Die Gründe, die zum Bau einer besonderen Versuchsanstalt für Binnenschiffbau und zur Wahl des Standorts Duisburg führten, werden dargelegt.

3. Die Durchführung des ersten Bauabschnitts wird beschrieben.

4. Die wechselnden Fahrbedingungen in der Binnenschiffahrt ergeben für die Versuchsanstalt auch besondere Anforderungen an die Vielgestaltigkeit der Einrichtungen, um alle Fahrbedingungen im Modell reproduzieren zu können.

5. Die Gründe für die Bemessung und Anordnung der erforderlichen Schlepptanks werden angegeben. Vorhanden sind ein großer Schlepptank 90 x 10 m, ein schmaler Tank für Kanal- und Tiefwasserversuche von 80 x 3 m und ein Manövrierteich 25 x 25 m. Die Wassertiefe kann in den Tanks in den Grenzen von 0 - 1,1 m verändert werden, im Tieftank beträgt sie 2,75 m.

Die technischen Anforderungen an die Schleppeinrichtung, die Ausbildung der Schienenbahn, des Schleppwagens und seines Antriebs werden beschrieben. Bemerkenswert ist die vollelektronische Regelung des Wagenantriebs, die in dieser Art erstmalig im Schiffbauversuchswesen angewandt wurde und eine wesentlich höhere Gleichförmigkeit und Genauigkeit ergibt.

Auch die Strömungsanlage ist in dieser Art und Größe neuartig. Sie ergibt für Binnenschiffsversuche wesentlich erweiterte Versuchsmöglichkeiten und eine bessere Anpassung an die tatsächlichen Fahrtbedingungen. Mit der Anlage können die auf deutschen Strömen vorkommenden Stromgeschwindigkeiten im Modellversuch reproduziert werden.

Die Werkstatt- und Büroräume sind bisher nur ein Provisorium und enthalten nur die unbedingt erforderlichen Werkzeugmaschinen und Einrichtungen.

6. Die gesamten Versuchsanlagen und Einrichtungen haben den Erwartungen vollauf entsprochen. Die Inanspruchnahme der Versuchsanstalt ist im laufenden Jahre so angestiegen, daß es schwierig war, alle Anforderungen im Rahmen der bestehenden Möglichkeiten zu erfüllen.

Prof. Dipl.-Ing. Wilhelm STURTZEL, Duisburg
Dr.-Ing. Werner GRAFF, Duisburg

# FORSCHUNGSBERICHTE
## DES WIRTSCHAFTS- UND VERKEHRSMINISTERIUMS
## NORDRHEIN-WESTFALEN

*Herausgegeben von Staatssekretär Prof. Leo Brandt*

**HEFT 1**
*Prof. Dr.-Ing. E. Flegler, Aachen*
Untersuchungen oxydischer Ferromagnet-Werkstoffe
*1952, 20 Seiten, DM 6,75*

**HEFT 2**
*Prof. Dr. W. Fuchs, Aachen*
Untersuchungen über absatzfreie Teeröle
*1952, 32 Seiten, 5 Abb., 6 Tabellen, DM 10,—*

**HEFT 3**
*Techn.-Wissenschaftl. Büro für die Bastfaserindustrie, Bielefeld*
Untersuchungsarbeiten zur Verbesserung des Leinenwebstuhls
*1952, 44 Seiten, 7 Abb., 3 Tabellen, DM 12,50*

**HEFT 4**
*Prof. Dr. E. A. Müller und Dipl.-Ing. H. Spitzer, Dortmund*
Untersuchungen über die Hitzebelastung in Hüttenbetrieben
*1952, 28 Seiten, 5 Abb., 1 Tabelle, DM 9,—*

**HEFT 5**
*Dipl.-Ing. W. Fister, Aachen*
Prüfstand der Turbinenuntersuchungen
*1952, 40 Seiten, 30 Abb., 3 Schaltbilder, DM 1,—*

**HEFT 6**
*Prof. Dr. W. Fuchs, Aachen*
Untersuchungen über die Zusammensetzung und Verwendbarkeit von Schwelteerfraktionen
*1952, 36 Seiten, DM 10.50*

**HEFT 7**
*Prof. Dr. W. Fuchs, Aachen*
Untersuchungen über emsländisches Petrolatum
*1952, 36 Seiten, 1 Abb., 17 Tabellen, DM 10,50*

**HEFT 8**
*M. E. Meffert und H. Stratmann, Essen*
Algen-Großkulturen im Sommer 1951
*1953, 52 Seiten, 4 Abb., 20 Tabellen, DM 9,75*

**HEFT 9**
*Techn.-Wissenschaftl. Büro für die Bastfaserindustrie, Bielefeld*
Untersuchungen über die zweckmäßige Wicklungsart von Leinengarnkreuzspulen unter Berücksichtigung der Anwendung hoher Geschwindigkeiten des Garnes
Vorversuche für Zetteln und Schären von Leinengarnen auf Hochleistungsmaschinen
*1952, 48 Seiten, 7 Abb., 7 Tabellen, DM 9,25*

**HEFT 10**
*Prof. Dr. W. Vogel, Köln*
„Das Streifenpaar" als neues System zur mechanischen Vergrößerung kleiner Verschiebungen und seine technischen Anwendungsmöglichkeiten
*1953, 20 Seiten, 6 Abb., DM 4,50*

**HEFT 11**
*Laboratorium für Werkzeugmaschinen und Betriebslehre, Technische Hochschule Aachen*
1. Untersuchungen über Metallbearbeitung im Fräsvorgang mit Hartmetallwerkzeugen und negativem Spanwinkel
2. Weiterentwicklung des Schleifverfahrens für die Herstellung von Präzisionswerkstücken unter Vermeidung hoher Temperaturen
3. Untersuchung von Oberflächenveredlungsverfahren zur Steigerung der Belastbarkeit hochbeanspruchter Bauteile
*1953, 80 Seiten, 61 Abb., DM 15,75*

**HEFT 12**
*Elektrowärme-Institut, Langenberg (Rhld.)*
Induktive Erwärmung mit Netzfrequenz
*1952, 22 Seiten 6 Abb., DM 5,20*

**HEFT 13**
*Techn.-Wissenschaftl. Büro für die Bastfaserindustrie, Bielefeld*
Das Naßspinnen von Bastfasergarnen mit chemischen Zusätzen zum Spinnbad
*1953, 52 Seiten, 4 Abb., 19 Tabellen, DM 10,—*

**HEFT 14**
*Forschungsstelle für Acetylen, Dortmund*
Untersuchungen über Aceton als Lösungsmittel für Acetylen
*1952, 64 Seiten, 10 Abb., 26 Tabellen, DM 12,25*

**HEFT 15**
*Wäschereiforschung Krefeld*
Trocknen von Wäschestoffen
*1953, 48 Seiten, 14 Abb., 2 Tabellen, DM 9,—*

**HEFT 16**
*Max-Planck-Institut für Kohlenforschung, Mülheim a. d. Ruhr*
Arbeiten des MPI für Kohlenforschung
*1953, 104 Seiten, 9 Abb., DM 17,80*

**HEFT 17**
*Ingenieurbüro Herbert Stein, M.-Gladbach*
Untersuchung der Verzugsvorgänge in den Streckwerken verschiedener Spinnereimaschinen. 1. Bericht: Vergleichende Prüfung mit verschiedenen Dickenmeßgeräten
*1952, 36 Seiten, 15 Abb., DM 8,—*

**HEFT 18**
*Wäschereiforschung Krefeld*
Grundlagen zur Erfassung der chemischen Schädigung beim Waschen
*1953, 68 Seiten, 15 Abb., 15 Tabellen, DM 12,75*

**HEFT 19**
*Techn.-Wissenschaftl. Büro für die Bastfaserindustrie, Bielefeld*
Die Auswirkung des Schlichtens von Leinengarnketten auf den Verarbeitungswirkungsgrad, sowie die Festigkeit und Dehnungsverhältnisse der Garne und Gewebe
*1953, 48 Seiten, 1 Abb., 9 Tabellen, DM 9,—*

**HEFT 20**
*Techn.-Wissenschaftl. Büro für die Bastfaserindustrie, Bielefeld*
Trocknung von Leinengarnen I
Vorgang und Einwirkung auf die Garnqualität
*1953, 62 Seiten, 18 Abb., 5 Tabellen, DM 12,—*

**HEFT 21**
*Techn.-Wissenschaftl. Büro für die Bastfaserindustrie, Bielefeld*
Trocknung von Leinengarnen II
Spulenanordnung und Luftführung beim Trocknen von Kreuzspulen
*1953, 66 Seiten, 22 Abb., 9 Tabellen, DM 13,—*

**HEFT 22**
*Techn.-Wissenschaftl. Büro für die Bastfaserindustrie, Bielefeld*
Die Reparaturanfälligkeit von Webstühlen
*1953, 28 Seiten, 7 Abb., 5 Tabellen, DM 5,80*

**HEFT 23**
*Institut für Starkstromtechnik, Aachen*
Rechnerische und experimentelle Untersuchungen zur Kenntnis der Metadyne als Umformer von konstanter Spannung auf konstanten Strom
*1953, 52 Seiten, 20 Abb., 4 Tafeln, DM 9,75*

**HEFT 24**
*Institut für Starkstromtechnik, Aachen*
Vergleich verschiedener Generator-Metadyne-Schaltungen in bezug auf statisches Verhalten
*1952, 44 Seiten, 23 Abb., DM 8,50*

**HEFT 25**
*Gesellschaft für Kohlentechnik mbH., Dortmund-Eving*
Struktur der Steinkohlen und Steinkohlen-Kokse
*1953, 58 Seiten, DM 11,—*

**HEFT 26**
*Techn.-Wissenschaftl. Büro für die Bastfaserindustrie, Bielefeld*
Vergleichende Untersuchungen zweier neuzeitlicher Ungleichmäßigkeitsprüfer für Bänder und Garne hinsichtlich ihrer Eignung für die Bastfaserspinnerei
*1953, 64 Seiten, 30 Abb., DM 12,50*

**HEFT 27**
*Prof. Dr. E. Schratz, Münster*
Untersuchungen zur Rentabilität des Arzneipflanzenanbaues Römische Kamille, Anthemis nobilis L.
*1953, 16 Seiten, 1 Tabelle, DM 3,60*

**HEFT 28**
*Prof. Dr. E. Schratz, Münster*
Calendula officinalis L. Studien zur Ernährung, Blütenfüllung und Rentabilität der Drogengewinnung
*1953, 24 Seiten, 2 Abb., 3 Tabellen, DM 5,20*

**HEFT 29**
*Techn.-Wissenschaftl. Büro für die Bastfaserindustrie, Bielefeld*
Die Ausnützung der Leinengarne in Geweben
*1953, 100 Seiten, 14 Abb., 10 Tabellen, DM 17,80*

**HEFT 30**
*Gesellschaft für Kohlentechnik mbH., Dortmund-Eving*
Kombinierte Entaschung und Verschwelung von Steinkohle; Aufarbeitung von Steinkohlenschlämmen zu verkokbarer oder verschwelbarer Kohle
*1953, 56 Seiten, 16 Abb., 10 Tabellen, DM 10,50*

**HEFT 31**
*Dipl.-Ing. A. Stormanns, Essen*
Messung des Leistungsbedarfs von Doppelsteg-Kettenförderern
*1954, 54 Seiten, 18 Abb., 3 Anlagen, DM 11,—*

**HEFT 32**
*Techn.-Wissenschaftl. Büro für die Bastfaserindustrie, Bielefeld*
Der Einfluß der Natriumchloridbleiche auf Qualität und Verwebbarkeit von Leinengarnen und die Eigenschaften der Leinengewebe unter besonderer Berücksichtigung des Einsatzes von Schützen- und Spulenwechselautomaten in der Leinenweberei
*1953, 64 Seiten, 2 Abb., 12 Tabellen, DM 11,50*

**HEFT 33**
*Kohlenstoffbiologische Forschungsstation e. V.*
Eine Methode zur Bestimmung von Schwefeldioxyd und Schwefelwasserstoff in Rauchgasen und in der Atmosphäre
*1953, 32 Seiten, 8 Abb., 3 Tabellen, DM 6.50*

**HEFT 34**
*Textilforschungsanstalt Krefeld*
Quellungs- und Entquellungsvorgänge bei Faserstoffen
*1953, 52 Seiten, 13 Abb., 13 Tabellen, DM 9,80*

WESTDEUTSCHER VERLAG · KÖLN UND OPLADEN

HEFT 35
*Professor Dr. W. Kast, Krefeld*
Feinstrukturuntersuchungen an künstlichen Zellulosefasern verschiedener Herstellungsverfahren.
Teil I: Der Orientierungszustand
*1953, 74 Seiten, 30 Abb., 7 Tabellen, DM 13,80*

HEFT 36
*Forschungsinstitut der feuerfesten Industrie, Bonn*
Untersuchungen über die Trocknung von Rohton
Untersuchungen über die chemische Reinigung von Silika- und Schamotte-Rohstoffen mit chlorhaltigen Gasen
*1953, 60 Seiten, 5 Abb., 5 Tabellen, DM 11,—*

HEFT 37
*Forschungsinstitut der feuerfesten Industrie, Bonn*
Untersuchungen über den Einfluß der Probenvorbereitung auf die Kaltdruckfestigkeit feuerfester Steine
*1953, 40 Seiten, 2 Abb., 5 Tabellen, DM 7,80*

HEFT 38
*Forschungsstelle für Acetylen, Dortmund*
Untersuchungen über die Trocknung von Acetylen zur Herstellung von Dissousgas
*1953, 36 Seiten, 11 Abb., 3 Tabellen, DM 6,80*

HEFT 39
*Forschungsgesellschaft Blechverarbeitung e. V., Düsseldorf*
Untersuchungen an prägegemusterten und vorgelochten Blechen
*1953, 46 Seiten, 34 Abb., DM 9,50*

HEFT 40
*Landesgeologe Dr.-Ing. W. Wolff, Amt für Bodenforschung, Krefeld*
Untersuchungen über die Anwendbarkeit geophysikalischer Verfahren zur Untersuchung von Spateisengängen im Siegerland
*1953, 46 Seiten, 8 Abb., DM 8,80*

HEFT 41
*Techn.-Wissenschaftl. Büro für die Bastfaserindustrie, Bielefeld*
Untersuchungsarbeiten zur Verbesserung des Leinenwebstuhles II
*1953, 40 Seiten, 4 Abb., 5 Tabellen, DM 7,80*

HEFT 42
*Professor Dr. B. Helferich, Bonn*
Untersuchungen über Wirkstoffe — Fermente — in der Kartoffel und die Möglichkeit ihrer Verwendung
*1953, 58 Seiten, 9 Abb., DM 11,—*

HEFT 43
*Forschungsgesellschaft Blechverarbeitung e. V., Düsseldorf*
Forschungsergebnisse über das Beizen von Blechen
*1953, 48 Seiten, 38 Abb., 2 Tabellen, DM 11,30*

HEFT 44
*Arbeitsgemeinschaft für praktische Dehnungsmessung, Düsseldorf*
Eigenschaften und Anwendungen von Dehnungsmeßstreifen
*1953, 68 Seiten, 43 Abb., 2 Tabellen, DM 13,70*

HEFT 45
*Losenhausenwerk Düsseldorfer Maschinenbau AG., Düsseldorf*
Untersuchungen von störenden Einflüssen auf die Lastgrenzenanzeige von Dauerschwingprüfmaschinen
*1953, 36 Seiten, 11 Abb., 3 Tabellen, DM 7,25*

HEFT 46
*Prof. Dr. W. Fuchs, Aachen*
Untersuchungen über die Aufbereitung von Wasser für die Dampferzeugung in Benson-Kesseln
*1953, 58 Seiten, 18 Abb., 9 Tabellen, DM 11,20*

HEFT 47
*Prof. Dr.-Ing. K. Krekeler, Aachen*
Versuche über die Anwendung der induktiven Erwärmung zum Sintern von hochschmelzenden Metallen sowie zur Anlegierung und Vergütung von aufgespritzten Metallschichten mit dem Grundwerkstoff
*1954, 66 Seiten, 39 Abb., DM 13,90*

HEFT 48
*Max-Planck-Institut für Eisenforschung, Düsseldorf*
Spektrochemische Analyse der Gefügebestandteile in Stählen nach ihrer Isolierung
*1953, 38 Seiten, 8 Abb., 5 Tabellen, DM 7,80*

HEFT 49
*Max-Planck-Institut für Eisenforschung, Düsseldorf*
Untersuchungen über Ablauf der Desoxydation und die Bildung von Einschlüssen in Stählen
*1953, 52 Seiten, 19 Abb., 3 Tabellen, DM 12,40*

HEFT 50
*Max-Planck-Institut für Eisenforschung, Düsseldorf*
Flammenspektralanalytische Untersuchung der Ferritzusammensetzung in Stählen
*1953, 44 Seiten, 15 Abb., 4 Tabellen, DM 8,60*

HEFT 51
*Verein zur Förderung von Forschungs- und Entwicklungsarbeiten in der Werkzeugindustrie e. V., Remscheid*
Untersuchungen an Kreissägeblättern für Holz, Fehler- und Spannungsprüfverfahren
*1953, 50 Seiten, 23 Abb., DM 10,—*

HEFT 52
*Forschungsstelle für Acetylen, Dortmund*
Untersuchungen über den Umsatz bei der explosiblen Zersetzung von Azetylen
a) Zersetzung von gasförmigem Azetylen
b) Zersetzung von an Silikagel adsorbiertem Azetylen
*1954, 48 Seiten, 8 Abb., 10 Tabellen, DM 9,25*

HEFT 53
*Professor Dr.-Ing. H. Opitz, Aachen*
Reibwert und Verschleißmessungen an Kunststoffgleitführungen für Werkzeugmaschinen
*1954, 38 Seiten, 18 Abb., DM 8,20*

HEFT 54
*Professor Dr.-Ing. F. A. F. Schmidt, Aachen*
Schaffung von Grundlagen für die Erhöhung der spez. Leistung und Herabsetzung des spez. Brennstoffverbrauches bei Ottomotoren mit Teilbericht über Arbeiten an einem neuen Einspritzverfahren
*1954, 34 Seiten, 15 Abb., DM 7,40*

HEFT 55
*Forschungsgesellschaft Blechverarbeitung e. V. Düsseldorf*
Chemisches Glänzen von Messing und Neusilber
*1954, 50 Seiten, 21 Abb., 1 Tabelle, DM 10,20*

HEFT 56
*Forschungsgesellschaft Blechverarbeitung e. V., Düsseldorf*
Untersuchungen über einige Probleme der Behandlung von Blechoberflächen
*1954, 52 Seiten, 42 Abb., DM 11,20*

HEFT 57
*Prof. Dr.-Ing. F. A. F. Schmidt, Aachen*
Untersuchungen zur Erforschung des Einflusses des chemischen Aufbaues des Kraftstoffes auf sein Verhalten im Motor und in Brennkammern von Gasturbinen
*1954, 70 Seiten, 32 Abb., DM 14,60*

HEFT 58
*Gesellschaft für Kohlentechnik mbH., Dortmund*
Herstellung und Untersuchung von Steinkohlenschwelteer
*1954, 74 Seiten, 9 Abb., 9 Tabellen, DM 13,75*

HEFT 59
*Forschungsinstitut der Feuerfest-Industrie e. V., Bonn*
Ein Schnellanalysenverfahren zur Bestimmung von Aluminiumoxyd, Eisenoxyd und Titanoxyd in feuerfestem Material mittels organischer Farbreagenzien auf photometrischem Wege
Untersuchungen des Alkali-Gehaltes feuerfester Stoffe mit dem Flammenphotometer nach Riehm-Lange
*1954, 62 Seiten, 12 Abb., 3 Tabellen, DM 11,60*

HEFT 60
*Forschungsgesellschaft Blechverarbeitung e. V., Düsseldorf*
Untersuchungen über das Spritzlackieren im elektrostatischen Hochspannungsfeld
*1954, 82 Seiten, 53 Abb., 7 Tabellen, DM 17,—*

HEFT 61
*Verein zur Förderung von Forschungs- und Entwicklungsarbeiten in der Werkzeugindustrie e. V., Remscheid*
Schwingungs- und Arbeitsverhalten von Kreissägeblättern für Holz
*1954, 54 Seiten, 31 Abb., DM 11,40*

HEFT 62
*Professor Dr. W. Franz, Institut für theoretische Physik der Universität Münster*
Berechnung des elektrischen Durchschlags durch feste und flüssige Isolatoren
*1954, 36 Seiten, DM 7,—*

HEFT 63
*Textilforschungsanstalt Krefeld*
Neue Methoden zur Untersuchung der Wirkungsweise von Textilhilfsmitteln
Untersuchungen über Schlichtungs- und Entschlichtungsvorgänge
*1954, 34 Seiten, 1 Abb., 5 Tabellen, DM 6,80*

HEFT 64
*Textilforschungsanstalt Krefeld*
Die Kettenlängenverteilung von hochpolymeren Faserstoffen
Über die fraktionierte Fällung von Polyamiden
*1954, 44 Seiten, 13 Abb., DM 8,60*

HEFT 65
*Fachverband Schneidwarenindustrie, Solingen*
Untersuchungen über das elektrolytische Polieren von Tafelmesserklingen aus rostfreiem Stahl
*1954, 90 Seiten, 38 Abb., 9 Tabellen, DM 17,35*

HEFT 66
*Dr.-Ing. P. Füsgen VDI †, Düsseldorf*
Untersuchungen über das Auftreten des Ratterns bei selbsthemmenden Schneckengetrieben und seine Verhütung
*1954, 32 Seiten, 5 Abb., DM 6,60*

HEFT 67
*Heinrich Wösthoff o. H. G., Apparatebau, Bochum*
Entwicklung einer chemisch-physikalischen Apparatur zur Bestimmung kleinster Kohlenoxyd-Konzentrationen
*1954, 94 Seiten, 48 Abb., 2 Tabellen, DM 18,25*

HEFT 68
*Kohlenstoffbiologische Forschungsstation e. V., Essen*
Algengroßkulturen im Sommer 1952
II. Über die unsterile Großkultur von Scenedesmus obliquus
*1954, 62 Seiten, 3 Abb., 29 Tabellen, DM 11,40*

HEFT 69
*Wäschereiforschung Krefeld*
Bestimmung des Faserabbaues bei Leinen unter besonderer Berücksichtigung der Leinengarnbleiche
*1954, 48 Seiten, 15 Abb., 3 Tabellen, DM 9,60*

HEFT 70
*Wäschereiforschung Krefeld*
Trocknen von Wäschestoffen
*1954, 52 Seiten, 18 Abb., 3 Tabellen, DM 10,—*

HEFT 71
*Prof. Dr.-Ing. K. Leist, Aachen*
Kleingasturbinen, insbesondere zum Fahrzeugantrieb
*1954, 114 Seiten, 85 Abb., DM 22,—*

HEFT 72
*Prof. Dr.-Ing. K. Leist, Aachen*
Beitrag zur Untersuchung von stehenden geraden Turbinengittern mit Hilfe von Druckverteilungsmessungen
*1954, 152 Seiten, 111 Abb., DM 36,20*

HEFT 73
*Prof. Dr.-Ing. K. Leist, Aachen*
Spannungsoptische Untersuchungen von Turbinenschaufelfüßen
*1954, 66 Seiten, 46 Abb., 2 Tabellen, DM 14,60*

HEFT 74
*Max-Planck-Institut für Eisenforschung, Düsseldorf*
Versuche zur Klärung des Umwandlungsverhaltens eines sonderkarbidbildenden Chromstahls
*1954, 58 Seiten, 10 Abb., DM 14,—*

HEFT 75
*Max-Planck-Institut für Eisenforschung, Düsseldorf*
Zeit-Temperatur-Umwandlungs-Schaubilder als Grundlage der Wärmebehandlung der Stähle
*1954, 44 Seiten, 13 Abb., DM 8,70*

HEFT 76
*Max-Planck-Institut für Arbeitsphysiologie, Dortmund*
Arbeitstechnische und arbeitsphysiologische Rationalisierung von Mauersteinen
*1954, 52 Seiten, 12 Abb., 3 Tabellen, DM 10,20*

HEFT 77
*Meteor Apparatebau Paul Schmeck GmbH., Siegen*
Entwicklung von Leuchtstoffröhren hoher Leistung
*1954, 46 Seiten, 12 Abb., 2 Tabellen, DM 9,15*

HEFT 78
*Forschungsstelle für Acetylen, Dortmund*
Über die Zustandsgleichung des gasförmigen Acetylens und das Gleichgewicht Acetylen — Aceton
*1954, 42 Seiten, 3 Abb., 8 Tabellen, DM 8,—*

HEFT 79
*Techn.-Wissenschaftl. Büro für die Bastfaserindustrie, Bielefeld*
Trocknung von Leinengarnen III
Spinnspulen- und Spinnkopstrockung
Vorgang und Einwirkung auf die Garnqualität
*1954, 74 Seiten, 18 Abb., 10 Tabellen, DM 14,—*

---

WESTDEUTSCHER VERLAG · KÖLN UND OPLADEN

HEFT 80
*Techn.-Wissenschaftl. Büro für die Bastfaserindustrie, Bielefeld*
Die Verarbeitung von Leinengarn auf Webstühlen mit und ohne Oberbau
*1954, 30 Seiten, 2 Abb., 2 Tabellen, DM 6,—*

HEFT 81
*Prüf- und Forschungsinstitut für Ziegeleierzeugnisse, Essen-Kray*
Die Einführung des großformatigen Einheits-Gitterziegels im Lande Nordrhein-Westfalen
*1954, 54 Seiten, 2 Abb., 2 Tabellen, DM 10,—*

HEFT 82
*Vereinigte Aluminium-Werke AG., Bonn*
Forschungsarbeiten auf dem Gebiet der Veredelung von Aluminium-Oberflächen
*1954, 46 Seiten, 34 Abb., DM 9,60*

HEFT 83
*Prof. Dr. S. Strugger, Münster*
Über die Struktur der Proplastiden
*1954, 30 Seiten, 15 Abb., DM 8,40*

HEFT 84
*Dr. H. Baron, Düsseldorf*
Über Standardisierung von Wundtextilien
*1954, 32 Seiten, DM 6,40*

HEFT 85
*Textilforschungsanstalt Krefeld*
Physikalische Untersuchungen an Fasern, Fäden, Garnen und Geweben:
Untersuchungen am Knickscheuergerät nach Weltzien
*1954, 40 Seiten, 11 Abb., 8 Tabellen, DM 10,—*

HEFT 86
*Prof. Dr.-Ing. H. Opitz, Aachen*
Untersuchungen über das Fräsen von Baustahl sowie über den Einfluß des Gefüges auf die Zerspanbarkeit
*1954, 108 Seiten, 73 Abb., 7 Tabellen, DM 22,—*

HEFT 87
*Gemeinschaftsausschuß Verzinken, Düsseldorf*
Untersuchungen über Güte von Verzinkungen
*1954, 68 Seiten, 56 Abb., 3 Tabellen, DM 15,30*

HEFT 88
*Gesellschaft für Kohlentechnik mbH., Dortmund-Eving*
Oxydation von Steinkohle mit Salpetersäure
*1954, 62 Seiten, 2 Abb., 1 Tabelle, DM 11,50*

HEFT 89
*Verein Deutscher Ingenieure, Gleitlagerforschung, Düsseldorf und Prof. Dr.-Ing. G. Vogelpohl, Göttingen*
Versuche mit Preßstoff-Lagern für Walzwerke
*1954, 70 Seiten, 34 Abb., DM 14,10*

HEFT 90
*Forschungs-Institut der Feuerfest-Industrie, Bonn*
Das Verhalten von Silikasteinen im Siemens-Martin-Ofengewölbe
*1954, 62 Seiten, 15 Abb., 11 Tabellen, DM 11,90*

HEFT 91
*Forschungs-Institut der Feuerfest-Industrie, Bonn*
Untersuchungen des Zusammenhangs zwischen Leistung und Kohlenverbrauch von Kammeröfen zum Brennen von feuerfesten Materialien
*1954, 42 Seiten, 6 Abb., DM 8,30*

HEFT 92
*Techn.-Wissenschaftl. Büro für die Bastfaserindustrie, Bielefeld und Laboratorium für textile Meßtechnik, M.-Gladbach*
Messungen von Vorgängen am Webstuhl
*1954, 76 Seiten, 45 Abb., DM 15,50*

HEFT 93
*Prof. Dr. W. Kast, Krefeld*
Spinnversuche zur Strukturerfassung künstlicher Zellulosefasern
*1954, 82 Seiten, 39 Abb., 6 Tabellen, DM 16,—*

HEFT 94
*Prof. Dr. G. Winter, Bonn*
Die Heilpflanzen des MATTHIOLUS (1611) gegen Infektionen des Harnwege und Verunreinigung der Wunden bzw. zur Förderung der Wundheilung im Lichte der Antibiotikaforschung
*1954, 58 Seiten, 1 Abb., 2 Tabellen, DM 11,50*

HEFT 95
*Prof. Dr. G. Winter, Bonn*
Untersuchungen über die flüchtigen Antibiotika aus der Kapuziner- (Tropaeolum maius) und Gartenkresse (Lepidium sativum) und ihr Verhalten im menschlichen Körper bei Aufnahme von Kapuziner- bzw. Gartenkressensalat per os
*1955, 74 Seiten, 9 Abb., 25 Tabellen, DM 14,—*

HEFT 96
*Dr.-Ing. P. Koch, Dortmund*
Austritt von Exoelektronen aus Metalloberflächen unter Berücksichtigung der Verwendung des Effektes für die Materialprüfung
*1954, 34 Seiten, 13 Abb., DM 7,—*

HEFT 97
*Ing. H. Stein, Laboratorium für textile Meßtechnik, M.-Gladbach*
Untersuchung der Verzugsvorgänge an den Streckwerken verschiedener Spinnereimaschinen
2. Bericht: Ermittlung der Haft-Gleiteigenschaften von Faserbändern und Vorgarnen
*1955, 98 Seiten, 54 Abb., DM 21,—*

HEFT 98
*Fachverband Gesenkschmieden, Hagen*
Die Arbeitsgenauigkeit beim Gesenkschmieden unter Hämmern
*1955, 132 Seiten, 55 Abb., 9 Tabellen, DM 24,75*

HEFT 99
*Prof. Dr.-Ing. G. Garbotz, Aachen*
Der Kraft- und Arbeitsaufwand sowie die Leistungen beim Biegen von Bewehrungsstählen in Abhängigkeit von den Abmessungen, den Formen und der Güte der Stähle (Ermittlung von Leistungsrichtlinien)
*1955, 136 Seiten, 53 Abb., 3 Anlagen, 18 Tabellen, DM 30,—*

HEFT 100
*Prof. Dr.-Ing. H. Opitz, Aachen*
Untersuchungen von elektrischen Antrieben, Steuerungen und Regelungen an Werkzeugmaschinen
*1955, 166 Seiten, 71 Abb., 3 Tabellen, DM 31,30*

HEFT 101
*Prof. Dr.-Ing. H. Opitz, Aachen*
Wirtschaftlichkeitsbetrachtungen beim Außenrundschleifen
*1955, 100 Seiten, 56 Abb., 3 Tabellen, DM 19,30*

HEFT 102
*Dr. P. Hölemann, Ing. R. Hasselmann und Ing. G. Dix, Dortmund*
Untersuchungen über die thermische Zündung von explosiblen Acetylenzersetzungen in Kapillaren
*1954, 44 Seiten, 5 Abb., 4 Tabellen, DM 8,60*

HEFT 103
*Prof. Dr. W. Weizel, Bonn*
Durchführung von experimentellen Untersuchungen über den zeitlichen Ablauf von Funken in komprimierten Edelgasen sowie zu deren mathematischen Berechnung
*1955, 46 Seiten, 12 Abb., DM 9,10*

HEFT 104
*Prof. Dr. W. Weizel, Bonn*
Über den Einfluß der Elektroden auf die Eigenschaften von Cadmium-Sulfid-Widerstands-Photozellen
*1955, 48 Seiten, 12 Abb., DM 9,45*

HEFT 105
*Dr.-Ing. R. Meldau, Harsewinkel/Westf.*
Auswertung von Gekörn — Analysen des Musterstaubes „Flugasche Fortuna I"
*1955, 42 Seiten, 14 Abb., DM 8,50*

HEFT 106
*ORR. Dr.-Ing. W. Küch, Dortmund*
Untersuchungen über die Einwirkung von feuchtigkeitsgesättigter Luft auf die Festigkeit von Leimverbindungen
*1954, 60 Seiten, 10 Abb., 6 Tabellen, DM 11,40*

HEFT 107
*Prof. Dr. H. Lange und Dipl.-Phys. P. St. Pütter, Köln*
Über die Konstruktion von Laboratoriumsmagneten
*1955, 66 Seiten, 19 Abb., 1 Tabelle, DM 12,30*

HEFT 108
*Prof. Dr. W. Fuchs, Aachen*
Untersuchungen über neue Beizmethoden und Beizabwässer
I. Die Entzunderung von Drähten mit Natriumhydrid
II. Die Aufbereitung von Beizabwässern
*1955, 82 Seiten, 15 Abb., 14 Tabellen, 1 Falttafel, DM 15,25*

HEFT 109
*Dr. P. Hölemann und Ing. R. Hasselmann, Dortmund*
Untersuchungen über die Löslichkeit von Azetylen in verschiedenen organischen Lösungsmitteln
*1954, 42 Seiten, 10 Abb., 8 Tabellen, DM 8,30*

HEFT 110
*Dr. P. Hölemann und Ing. R. Hasselmann, Dortmund*
Untersuchungen über den Druckverlauf bei der explosiblen Zersetzung von gasförmigem Azetylen
*1955, 54 Seiten, 10 Abb., 5 Tabellen, DM 11,—*

HEFT 111
*Fachverband Steinzeugindustrie, Köln*
Die Entwicklung eines Gerätes zur Beschickung seitlicher Feuer von Steinzeug-Einzelkammeröfen mit festen Brennstoffen
*1955, 46 Seiten, 16 Abb., DM 9,40*

HEFT 112
*Prof. Dr.-Ing. H. Opitz, Aachen*
Verschleißmessungen beim Drehen mit aktivierten Hartmetallwerkzeugen
*1954, 44 Seiten, 17 Abb., 6 Tabellen, DM 8,80*

HEFT 113
*Prof. Dr. O. Graf, Dortmund*
Erforschung der geistigen Ermüdung und nervösen Belastung: Studien über die vegetative 24-Stunden-Rhythmik in Ruhe und unter Belastung
*1955, 40 Seiten, 12 Abb., DM 8,20*

HEFT 114
*Prof. Dr. O. Graf, Dortmund*
Studien über Fließarbeitsprobleme an einer praxisnahen Experimentieranlage
*1954, 34 Seiten, 6 Abb., DM 7,—*

HEFT 115
*Prof. Dr. O. Graf, Dortmund*
Studium über Arbeitspausen in Betrieben bei freier und zeitgebundener Arbeit (Fließarbeit) und ihre Auswirkung auf die Leistungsfähigkeit
*1955, 50 Seiten, 13 Abb., 2 Tabellen, DM 9,80*

HEFT 116
*Prof. Dr.-Ing. E. Siebel und Dr.-Ing. H. Weiss, Stuttgart*
Untersuchungen an einigen Problemen des Tiefziehens — I. Teil
*1955, 74 Seiten, 50 Abb., 5 Tabellen, DM 14,50*

HEFT 117
*Dr.-Ing. H. Beißwänger, Stuttgart, und Dr.-Ing. S. Schwandt, Trier*
Untersuchungen an einigen Problemen des Tiefziehens — II. Teil
*1955, 92 Seiten, 34 Abb., 8 Tabellen, DM 17,70*

HEFT 118
*Prof. Dr. E. A. Müller und Dr. H. G. Wenzel, Dortmund*
Neuartige Klima-Anlage zur Erzeugung ungleicher Luft- und Strahlungstemperaturen in einem Versuchsraum
*1955, 68 Seiten, 10 z. T. mehrfarb. Abb., DM 14,—*

HEFT 119
*Dr.-Ing. O. Viertel, Krefeld*
Wäscherei- und energietechnische Untersuchung einer Gemeinschafts-Waschanlage
*1955, 50 Seiten, 18 Abb., DM 10,20*

HEFT 120
*Dipl.-Ing. A. Weisbecker, Lüdenscheid*
Über Anfressung an Reinstaluminium-Schweißnähten bei der elektrolytischen Oxydation
*Gebr. Hörstermann GmbH., Velbert*
Entwicklung und Erprobung eines neuartigen Gummibandförderers
*1955, 46 Seiten, 18 Abb., DM 9,70*

HEFT 121
*Dr. H. Krebs, Bonn*
I. Die Struktur und die Eigenschaften der Halbmetalle
II. Die Bestimmung der Atomverteilung in amorphen Substanzen
III. Die chemische Bindung in anorganischen Festkörpern und das Entstehen metallischer Eigenschaften
*1955, 124 Seiten, 36 Abb., 13 Tabellen, DM 22,90*

HEFT 122
*Prof. Dr. W. Fuchs, Aachen*
Untersuchungen zur Verbesserung der Wasseraufbereitung und Wasseranalyse:
Über die Schnellbewertung von Ionenaustauscher
*1955, 62 Seiten, 32 Abb., 1 Tabellen, DM 12,30*

HEFT 123
*Dipl.-Ing. J. Emondts, Aachen*
Über Bodenverformungen bei stark gestörtem und mächtigem, wasserführendem Deckgebirge im Aachener Steinkohlengebiet
*1955, 196 Seiten, 37 Abb., 10 Tabellen, DM 28,80*

HEFT 124
*Prof. Dr. R. Seyffert, Köln*
Wege und Kosten der Distribution der Hausratwaren im Lande Nordrhein-Westfalen
*1955, 74 Seiten, 25 Tabellen, DM 9,—*

WESTDEUTSCHER VERLAG · KÖLN UND OPLADEN

HEFT 125
*Prof. Dr. E. Kappler, Münster*
Eine neue Methode zur Bestimmung von Kondensations-Koeffizienten von Wasser
*1955, 46 Seiten, 11 Abb., 1 Tabelle, DM 9,10*

HEFT 126
*Prof. Dr.-Ing. J. Mathieu, Aachen*
Arbeitszeitvergleich
Grundlagen, Methodik u. praktische Durchführung
*1955, 70 Seiten, DM 13,—*

HEFT 127
*Güteschutz Betonstein e. V.,*
*Arbeitskreis Nordrhein-Westfalen, Dortmund*
Die Betonwaren-Gütesicherung im Lande Nordrhein-Westfalen
*1955, 58 Seiten, 15 Abb., 3 Tabellen, DM 11,50*

HEFT 128
*Prof. Dr. O. Schmitz-DuMont, Bonn*
Untersuchungen über Reaktionen in flüssigem Ammoniak
*1955, 96 Seiten, 11 Abb., 6 Tabellen, DM 17,75*

HEFT 129
*Prof. Dr.-Ing. J. Mathieu und Dr. C. A. Roos, Aachen*
Die Anlernung von Industriearbeitern
I. Ergebnisse einer grundsätzlichen Untersuchung der gegenwärtigen Industriearbeiter-Kurzanlernung
*1955, 106 Seiten, DM 19,70*

HEFT 130
*Prof. Dr.-Ing. J. Mathieu und Dr. C. A. Roos, Aachen*
Die Anlernung von Industriearbeitern
II. Beiträge zur Methodenfrage der Kurzanlernung
*1955, 108 Seiten, DM 19,90*

HEFT 131
*Dr. W. Hoerburger, Köln*
Versuche zur Biosynthese von Eiweiß aus Kohlenwasserstoff
*1955, 34 Seiten, 2 Abb., DM 6,90*

HEFT 132
*Prof. Dr. W. Seith, Münster*
Über Diffusionserscheinungen in festen Metallen
*1955, 42 Seiten, 19 Abb., 4 Tabellen, DM 9,10*

HEFT 133
*Prof. Dr. E. Jenckel, Aachen*
Über einen für Schwermetalle selektiven Ionenaustauscher
*1955, 48 Seiten, 8 Abb., 13 Tabellen, DM 9,50*

HEFT 134
*Prof. Dr.-Ing. H. Winterhager, Aachen*
Über die elektrochemischen Grundlagen der Schmelzfluß-Elektrolyse von Bleisulfid in geschmolzenen Mischungen mit Bleichlorid
*1955, 54 Seiten, 20 Abb., 5 Tabellen, DM 11,80*

HEFT 135
*Prof. Dr.-Ing. K. Krekeler und Dr.-Ing. H. Peukert, Aachen*
Die Änderung der mechanischen Eigenschaften thermoplastischer Kunststoffe durch Warmrecken
*1955, 54 Seiten, 27 Abb., DM 11,10*

HEFT 136
*Dipl.-Phys. P. Pilz, Remscheid*
Über spezielle Probleme der Zerkleinerungstechnik von Weichstoffen
*1955, 58 Seiten, 19 Abb., 2 Tabellen, DM 11,50*

HEFT 137
*Prof. Dr. W. Baumeister, Münster*
Beiträge zur Mineralstoffernährung der Pflanzen
*1955, 64 Seiten, 6 Tabellen, DM 11,80*

HEFT 138
*Dr. P. Hölemann und Ing. R. Hasselmann, Dortmund*
Untersuchungen über die Zersetzungswärme von gasförmigem und in Azeton gelöstem Azetylen
*1955, 54 Seiten, 8 Abb., 7 Tabellen, DM 10,40*

HEFT 139
*Prof. Dr. W. Fuchs, Aachen*
Studien über die thermische Zersetzung der Kohle und die Kohlendestillatprodukte
*1955, 64 Seiten, 20 Abb., 22 Tabellen, DM 11,80*

HEFT 140
*Dr.-Ing. G. Hausberg, Essen*
Modellversuche an Zyklonen
*1955, 78 Seiten, 24 Abb., DM 15,70*

HEFT 141
*Dr. J. van Calker und Dr. R. Wienecke, Münster*
Untersuchungen über den Einfluß dritter Analysenpartner auf die spektrochemische Analyse
*1955, 42 Seiten, 15 Abb., DM 9,10*

HEFT 142
*Dipl.-Ing. G. M. F. Wiebel, Hannover, A. Konermann und A. Ottenheym, Sennelager*
Entwicklung eines Kalksandleichtsteines
*1955, 38 Seiten, 4 Abb., DM 8,—*

HEFT 143
*Prof. Dr. F. Wever, Dr. A. Rose und Dipl.-Ing. W. Straßburg, Düsseldorf*
Härtbarkeit u. Umwandlungsverhalten der Stähle
*1955, 50 Seiten, 12 Abb., 3 Tabellen, DM 10,70*

HEFT 144
*Prof. Dr. H. Wurmbach, Bonn*
Steuerung von Wachstum und Formbildung
*1955, 48 Seiten, 19 Abb., DM 10,30*

HEFT 145
*Dr. G. Hennemann, Werdohl (Westf.)*
Beitrag zur Interpretation der modernen Atomphysik
*1955, 34 Seiten, DM 10,—*

HEFT 146
*Dr.-Ing. F. Gruß, Düsseldorf*
Sterilisation mit Heißluft
*1955, 34 Seiten, 10 Abb., DM 7.70*

HEFT 147
*Dr.-Ing. W. Rudisch, Unna*
Untersuchung einer drehelastischen Elektromagnet-Synchronkupplung
*1955, 82 Seiten, 65 Abb., DM 17,70*

HEFT 148
*Prof. Dr. H. Bittel u. Dipl.-Phys. L. Storm, Münster*
Untersuchungen über Widerstandsrauschen
*1955, 40 Seiten, 5 Abb., DM 8,40*

HEFT 149
*Dipl.-Ing. K. Konopicky und Dipl.-Chem. P. Kampa, Bonn*
I. Beitrag zur flammenphotometrischen Bestimmung des Calciums.
*Dr.-Ing. K. Konopicky, Bonn*
II. Die Wanderung von Schlackenbestandteilen in feuerfesten Baustoffen
*1955, 54 Seiten, 10 Abb., 5 Tabellen, DM 11,—*

HEFT 150
*Prof. Dr.-Ing. O. Kienzle und Dipl.-Ing. W. Timmerbeil, Hannover*
Das Durchziehen enger Kragen an ebenen Fein- und Mittelblechen
*1955, 52 Seiten, 20 Abb., 8 Tabellen, DM 11,30*

HEFT 151
*Dipl.-Ing. P. Karabasch, Aachen*
Feststellung des optimalen Gasgehaltes von Bronzen zur Erzielung druckdichter Gußstücke
*in Vorbereitung*

HEFT 152
*Dipl.-Ing. G. Müller, Köln*
Ermittlung der Laufeigenschaften (Vergießbarkeit) von Bronze und Rotguß mittels der Schneider-Gießspirale
*1955, 60 Seiten, 33 Abb., DM 13,30*

HEFT 153
*Prof. Dr. F. Wever, Dr.-Ing. W. A. Fischer und Dipl.-Ing. J. Engelbrecht, Düsseldorf*
I. Die Reduktion sauerstoffhaltiger Eisenschmelzen im Hochvakuum mit Wasserstoff und Kohlenstoff
II. Einfluß geringer Sauerstoffgehalte auf das Gefüge und Alterungsverhalten von Reineisen
*1955, 54 Seiten, 15 Abb., 2 Tabellen, DM 12,40*

HEFT 154
*Prof. Dr.-Ing. P. Bardenheuer und Dr.-Ing. W. A. Fischer, Düsseldorf*
Die Verschlackung von Titan aus Stahlschmelzen im sauren und basischen Hochfrequenzofen unter verschiedenen Schlacken
*1955, 36 Seiten, 10 Abb., 1 Tabelle, DM 7,95*

HEFT 155
*Dipl.-Phys. K. H. Schirmer, München*
Die auf Grau abgestimmte Farbwiedergabe im Dreifarbenbuchdruck
*1955, 46 Seiten, 17 Abb., 2 Farbtafeln, DM. 10,—*

HEFT 156
*Prof. Dr.-Ing. B. von Borries und Mitarbeiter, Düsseldorf*
Die Entwicklung regelbarer permanentmagnetischer Elektronenlinsen hoher Brechkraft und eines mit ihnen ausgerüsteten Elektronenmikroskopes neuer Bauart
*in Vorbereitung*

HEFT 157
*Dr. W. Jawtusch, Dr. G. Schuster und Prof. Dr.-Ing. R. Jaeckel, Bonn*
Untersuchungen über die Stoßvorgänge zwischen neutralen Atomen und Molekülen
*1955, 48 Seiten, 15 Abb., 3 Tabellen, DM 10,50*

HEFT 158
*Dipl.-Ing. W. Rosenkranz, Meinerzhagen*
Ein Beitrag zum Problem der Spannungskorrosion bei Preßprofilen und Preßteilen aus Aluminium-Legierungen
*in Vorbereitung*

HEFT 159
*Dr.-Ing. O. Viertel und O. Oldenroth, Krefeld*
Das Bleichen von Weißwäsche mit Wasserstoffsuperoxyd bzw. Natriumhypochlorit beim maschinellen Waschen
*1955, 54 Seiten, 23 Abb., 2 Tabellen, DM 11,45*

HEFT 160
*Prof. Dr. W. Klemm, Münster*
Über neue Sauerstoff- und Fluor-haltige Komplexe
*1955, 50 Seiten, 13 Abb., 7 Tabellen, DM 10,80*

HEFT 161
*Prof. Dr. W. Weltzien und Dr. G. Hauschild, Krefeld*
Über Silikone und ihre Anwendung in der Textilveredlung
*1955, 162 Seiten, 22 Abb., 10 Tabellen, DM 27,—*

HEFT 162
*Prof. Dr. F. Wever, Prof. Dr. A. Kochendörfer und Dr.-Ing. Chr. Rohrbach, Düsseldorf*
Kennzeichnung der Sprödbruchneigung von Stählen durch Messung der Fließspannung, Reißspannung und Brucheinschnürung an dreiachsig beanspruchten Proben
*1955, 58 Seiten, 26 Abb., DM 13,—*

HEFT 163
*Dipl.-Ing. W. Rohs und Text.-Ing. H. Griese, Bielefeld*
Untersuchungsarbeiten zur Verbesserung des Leinenwebstuhls III
*1955, 80 Seiten, 15 Abb., 18 Tabellen, DM 15,80*

HEFT 164
*Dr.-Ing. H. Schmachtenberg, Köln*
Neuartige Prüfeinrichtungen für Kraftfahrzeuge
*1955, 44 Seiten, 23 Abb., DM 9,60*

HEFT 165
*Dr.-Ing. W. Wilhelm, Aachen*
Instationäre Gasströmung im Auspuffsystem eines Zweitaktmotors
*1955, 62 Seiten, 31 Abb., 8 Tabellen, DM 13,60*

HEFT 166
*Prof. Dr. M. v. Stackelberg, Dr. H. Heindze, Dr. H. Hübschke und Dr. K. H. Frangen, Bonn*
Kolloidchemische Untersuchungen
*1955, 106 Seiten, 8 Abb., 13 Tabellen, DM 21,25*

HEFT 167
*Prof. Dr.-Ing. F. Schuster, Essen*
I. Über die Heißkarburierung von Brenngasen mit Ölen und Teeren
II. Die Strahlungsvorgänge in brennstoffbeheizten Öfen bei verschiedenen Verbrennungsatmosphären
*1955, 38 Seiten, 8 Abb., DM 8,30*

HEFT 168
*Prof. Dr.-Ing. F. Schuster, Essen*
I. Luftvorwärmung an Gasfeuerungen
II. Heizwerthöhe von Brenngasen und Wirkungsgrad sowie Gasverbrauch bei der Gasverwendung
III. Sauerstoffangereicherte Luft und feuerungstechnische Kenngrößen von Brenngasen
*1955, 60 Seiten, 18 Abb., DM 12,50*

HEFT 169
*Forschungsinstitut für Pigmente und Lacke, Stuttgart*
Arbeiten über die Bestimmung des Gebrauchswertes von Lackfilmen durch physikalische Prüfungen
*1955, 70 Seiten, 23 Abb., 4 Tabellen, DM 15,—*

HEFT 170
*Prof. Dr. F. Wever, Dr. A. Rose und Dipl.-Ing. L. Rademacher, Düsseldorf*
Anwendung der Umwandlungsschaubilder auf Fragen der Werkstoffauswahl beim Schweißen und Flammhärten
*1955, 64 Seiten, 25 Abb., DM 13,70*

WESTDEUTSCHER VERLAG · KÖLN UND OPLADEN

HEFT 171
*Wäschereiforschung Krefeld*
Untersuchung der Wäscheentwässerung mit Hilfe von Zentrifugen und Pressen
*1955, 42 Seiten, 16 Abb., 4 Tabellen, DM 9,70*

HEFT 172
*Dipl.-Ing. W. Rohs, Dr.-Ing. G. Satlow und Text.-Ing. G. Heller, Bielefeld*
Trocknung von Hanfgarnen. Kreuzspultrocknung
*1955, 60 Seiten, 7 Abb., 4 Tabellen, DM 10,30*

HEFT 173
*Prof. Dr. R. Hosemann und Dipl.-Phys. G. Schoknecht, Berlin, vorgelegt von Prof. Dr. W. Kast, Krefeld*
Lichtoptische Herstellung und Diskussion der Faltungsquadrate parakristalliner Gitter
*in Vorbereitung*

HEFT 174
*Prof. Dr. W. von Fragstein, Dr. J. Meingast und H. Hoch, Köln*
Herstellung von Solen einheitlicher Teilchengröße und Ermittlung ihrer optischen Eigenschaften
*1955, 78 Seiten, 80 Abb., 4 Tabellen, DM 18,25*

HEFT 175
*Dr.-Ing. H. Zeller, Aachen*
Beitrag zur eindimensionalen stationären und nichtstationären Gasströmung mit Reibung und Wärmeleitung insbesondere in Rohren mit unstetigen Querschnittsänderungen
*in Vorbereitung*

HEFT 176
*Dipl.-Ing. H. Schöberl, Duisburg*
Über die Methoden zur Ermittlung der Verbrennungstemperatur von Brennstoffen und ein Vorschlag zu ihrer Verbesserung
*1955, 30 Seiten, 3 Abb., DM 6,50*

HEFT 177
*Dipl.-Ing. H. Stüdemann, Solingen, und Dr.-Ing. W. Müchler, Essen*
Entwicklung eines Verfahrens zur zahlenmäßigen Bestimmung der Schneideigenschaften von Messerklingen
*in Vorbereitung*

HEFT 178
*Prof. Dr. M. von Stackelberg u. Dr. W. Hans, Bonn*
Untersuchungen zur Ausarbeitung und Verbesserung von polarographischen Analysenmethoden
*1955, 46 Seiten, 14 Abb., DM 10,50*

HEFT 179
*Dipl.-Ing. H. F. Reineke, Bochum*
Entwicklungsarbeiten auf dem Gebiete der Meß- und Regeltechnik
*1955, 46 Seiten, 10 Abb., DM 10,—*

HEFT 180
*Dr.-Ing. W. Piepenburg, Dipl.-Ing. B. Bübling und Bauing. J. Behnke, Köln*
Putzarbeiten im Hochbau und Versuche mit aktiviertem Mörtel und mechanischem Mörtelauftrag
*1955, 116 Seiten, 31 Abb., 68 Tabellen, DM 23,—*

HEFT 181
*Prof. Dr. W. Franz, Münster*
Theorie der elektrischen Leitvorgänge in Halbleitern und isolierenden Festkörpern bei hohen elektrischen Feldern
*1955, 28 Seiten, 2 Abb., 1 Tabelle, DM 6,20*

HEFT 182
*Dr.-Ing. P. Schenk u. Dr. K. Osterloh, Düsseldorf*
Katalytisch-thermische Spaltung von gasförmigen und flüssigen Kohlenwasserstoffen zur Spitzengaserzeugung
*1955, 50 Seiten, 11 Abb., 11 Tabellen, DM 10,90*

HEFT 183
*Dr. W. Bornheim, Köln*
Entwicklungsarbeiten an Flaschen- und Ampullen-Behandlungsmaschinen für die pharmazeutische Industrie
*in Vorbereitung*

HEFT 184
*Dr.-Ing. E. Printz, Kettwig*
Vollhydraulische Parallel-Kupplung für Ackerschlepper
*1955, 32 Seiten, 4 Abb., DM 7,80*

HEFT 185
*Dipl.-Ing. W. Rohs und Text.-Ing. G. Heller, Bielefeld*
Studien an einem neuzeitlichen Kreuzspultrockner für Bastfasergarne mit Wiederbefeuchtungszone
*1955, 52 Seiten, 9 Abb., 3 Tabellen, DM 10,70*

HEFT 186
*Dr. E. Wedekind, Krefeld*
Untersuchungen zur Arbeitsbestgestaltung bei der Fertigstellung von Oberhemden in gewerblichen Wäschereien
*1955, 124 Seiten, 28 Abb., 6 Tabellen, 2 Falltaf., DM 12,—*

HEFT 187
*Dipl.-Ing. F. Göttgens, Essen*
Über die Eigenarten der Bimetall-, Thermo- und Flammenionisationssicherungsmethode in ihrer Anwendung auf Zündsicherungen
*1955, 40 Seiten, 6 Abb., 4 Tabellen, DM 8,40*

HEFT 188
*W. Kinnebrock, Langenberg (Rhld.)*
Der Einfluß des Austausches gleicher Gaskochbrenner bzw. Gaskochbrennerteile auf den Wirkungsgrad und insbesondere auf den CO-Gehalt der Verbrennungsgase
*1955, 42 Seiten, 7 Tabellen, DM 8,70*

HEFT 189
*Fa. E. Leybold's Nachfolger, Köln*
I. Ausgewählte Kapitel aus der Vakuumtechnik
II. Zum Verlust anorganisch-nichtflüchtiger Substanzen während der Gefriertrocknung
*1955, 52 Seiten, 16 Abb, 3 Tabellen, DM 11,20*

HEFT 190
*Prof. Dr. A. Neuhaus, Prof. Dr O. Schmitz-DuMont und Dipl.-Chem. H. Reckhard, Bonn*
Zur Kenntnis der Alkalititanate
*1955, 60 Seiten, 13 Abb., 1 Tabelle, DM 12,20*

HEFT 191
*Dr. H. Söhngen, Darmstadt*
Schwingungsverhalten eines Schaufelkranzes im Vakuum
*1955, 36 Seiten, 7 Abb., DM 7,80*

HEFT 192
*Dipl.-Phys. E. M. Schneider, München*
Kohlebogenlampen für Aufnahme und Kopie
*1955, 48 Seiten, 21 Abb., 3 Tabellen, DM 10,60*

HEFT 193
*Prof. Dr. O. Schmitz-DuMont, Bonn*
Untersuchungen über neue Pigmentfarbstoffe
*in Vorbereitung*

HEFT 194
*Dr. K. Hecht, Köln*
Entwicklung neuartiger physikalischer Unterrichtsgeräte
*1955, 42 Seiten, 16 Abb., DM 9,90*

HEFT 195
*Dr.-Ing. E. Rößger, Köln*
Gedanken über einen neuen deutschen Luftverkehr
*1955, 342 Seiten, 29 Abb., 122 Tabellen, DM 50,—*

HEFT 196
*Dipl.-Ing. W. Rohs und Text.-Ing. H. Griese, Bielefeld*
Auswirkungen von Garnfehlern bei der Verarbeitung von Leinengarnen
*1955, 36 Seiten, 3 Abb., 6 Tabellen, DM 7,80*

HEFT 197
*Dr. E. Wedekind, Krefeld*
Untersuchungen zur Bestimmung der optimalen Arbeitsplatzgröße bei Mehrstuhlarbeit in der Weberei
*1955, 92 Seiten, 34 Abb., DM 18,50*

HEFT 198
*Prof. Dr. J. Weissinger, Karlsruhe*
Zur Aerodynamik des Ringflügels. Die Druckverteilung dünner, fast drehsymmetrischer Flügel in Unterschallströmung
*1955, 42 Seiten, 5 Abb., DM 9,—*

HEFT 199
*Textilforschungsanstalt Krefeld*
Die Messung von Gewebetemperaturen mittels Temperaturstrahlung
*1955, 50 Seiten, 12 Abb., DM 10,90*

HEFT 200
*R. Seipenbusch, Langenberg (Rhld.)*
Spitzengas durch Zusatz von Flüssiggas-, Wassergas- und Flüssiggas-Generatorgas-Gemischen zu Stadtgas
*1955, 48 Seiten, 21 Abb., DM 10,35*

HEFT 201
*Dr.-Ing. E. W. Pleines, Frankfurt/Main*
Die Sicherheit im Luftverkehr
*in Vorbereitung*

HEFT 202
*Dipl.-Ing. D. Fiecke, Stuttgart/Zuffenhausen*
Die Bestimmung der Flugzeugpolaren für Entwurfszwecke. I. Teil: Unterlagen

HEFT 203
*Dr. G. Wandel, Bonn*
Uferbewachsung und Lebendverbauung an den Nordwestdeutschen Kanälen und ihren Zuflüssen sowie an der Ruhr
*in Vorbereitung*

HEFT 204
*Dipl.-Ing. B. Naendorf, Langenberg (Rhld.)*
Bestimmung der Brenneigenschaften und des Brennverhaltens verschiedener Gasarten und Einfluß verschiedener Düsengestaltung
*1955, 32 Seiten, DM 7,10*

HEFT 205
*Dr. C. Schaarwächter, Düsseldorf*
Über plastische Kupfer-, Eisen-, Phosphor-Legierungen
*in Vorbereitung*

HEFT 206
*Dr. P. Hölemann, Ing. R. Hasselmann und Ing. G. Dix, Dortmund*
Untersuchungen über die Vorgänge bei der Zersetzung von in Azeton gelöstem Azetylen
*in Vorbereitung*

HEFT 207
*Prof. Dr.-Ing. H. Opitz, Dipl.-Ing. K. H. Fröhlich und Dipl.-Ing. H. Siebel, Aachen*
Richtwerte für das Fräsen von unlegierten und legierten Baustählen mit Hartmetall. I. Teil
*in Vorbereitung*

HEFT 208
*Prof. Dr.-Ing. H. Müller, Essen*
Untersuchung von Elektrowärmegeräten für Laienbedienung hinsichtlich Sicherheit und Gebrauchsfähigkeit. I. Untersuchungen an Kochplatten
*in Vorbereitung*

HEFT 209
*Dr. K. Bunge, Leverkusen*
Materialabbau in Funkenentladungen. Untersuchungen an Zinkkathoden
*in Vorbereitung*

HEFT 210
*Dr. W. Porschen und Prof. Dr. W. Riezler, Bonn*
Langlebige Alphaaktivitäten bei natürlichen Elementen
*1955, 40 Seiten, 5 Abb., 4 Tabellen, DM 8,80*

HEFT 211
*Prof. Dipl.-Ing. W. Sturtzel und Dr.-Ing. W. Graff, Duisburg*
Die Versuchsanstalt für Binnenschiffbau, Duisburg
*in Vorbereitung*

HEFT 212
*Dipl.-Ing. H. Spodig, Selm*
Untersuchung zur Anwendung der Dauermagnete in der Technik
*1955, 44 Seiten, 25 Abb., DM 9,80*

HEFT 213
*Dipl.-Ing. K. F. Rittinghaus, Aachen*
Zusammenstellung eines Meßwagens für Bau- und Raumakustik
*in Vorbereitung*

HEFT 214
*Dr.-Ing. J. Endres, München*
Berechnung der optimalen Leistung, Kraftstoffverbräuche und Wirkungsgrade von Einkreis-Turbolader-Strahltriebwerken am Boden und in der Höhe bei Fluggeschwindigkeiten von 0—2 000 km/h
*in Vorbereitung*

HEFT 215
*Prof. Dr.-Ing. H. Opitz und Dr.-Ing. W. Weber, Aachen*
Einfluß der Wärmebehandlung von Baustählen auf Spanentstehungen, Schnittkraft- und Standzeitverhalten
*in Vorbereitung*

HEFT 216
*Dr. E. Kloth, Köln*
Untersuchungen über die Ausbreitung kurzer Schallimpulse bei der Materialprüfung mit Ultraschall

HEFT 217
*Rationalisierungskuratorium der Deutschen Wirtschaft (RKW), Frankfurt/Main*
Typenvielzahl bei Haushaltgeräten und Möglichkeiten einer Beschränkung
*in Vorbereitung*

HEFT 218
*Dr. F. Keune, Aachen*
Bericht über eine Theorie der Strömung um Rotationskörper ohne Anstellung bei Machzahl Eins
*1955, 40 Seiten, 8 Abb., 5 Formelblätter, DM 8,80*

HEFT 219
*Prof. Dr. W. Fuchs, Aachen*
Untersuchungen zur Holzabfallverwertung und zur Chemie des Lignins
*1955, 54 Seiten, 11 Abb., 15 Tabellen, DM 11,40*

---

WESTDEUTSCHER VERLAG · KÖLN UND OPLADEN

**HEFT 220**
*Prof. Dr. W. Fuchs, Aachen*
Die Entwicklung neuer Regel- und Kontroll-Apparate zur coulometrischen Analyse
*in Vorbereitung*

**HEFT 221**
*Prof. Dr. W. Meyer-Eppler, Bonn*
Experimentelle Untersuchungen zum Mechanismus von Stimme und Gehör in der lautsprachlichen Kommunikation
*1955, 56 Seiten, 24 Abb., DM 13,45*

**HEFT 222**
*Dr. L. Köllner, Münster, und Dipl.-Volkswirt M. Kaiser, Bochum*
Die internationale Wettbewerbsfähigkeit der westdeutschen Wollindustrie
*in Vorbereitung*

**HEFT 223**
*Dr.-Ing. K. Alberti und Dr. F. Schwarz, Köln*
Über das Problem Hartbrand-Weichbrand
*in Vorbereitung*

**HEFT 224**
*Dipl.-Ing. H. Stüdeman und Ing. R. Beu, Solingen*
Verfahren zur Prüfung der Korrosionsbeständigkeit von Messerklingen aus rostfreiem Stahl
*in Vorbereitung*

**HEFT 225**
*Dr.-Ing. E. Barz, Remscheid*
Der Spannungszustand von Gattersägeblättern
*in Vorbereitung*

**HEFT 226**
*Technisch-wissenschaftliches Büro für die Bastfaserindustrie, Bielefeld*
Untersuchungen zur Verbesserung des Leinenwebstuhles IV
Die Wirkung verschiedener Kettbaumbremsen auf die Verwebung von Leinengarnen
*in Vorbereitung*

**HEFT 227**
*Prof. Dr. F. Wever, Düsseldorf und Dr. W. Wepner, Köln*
Untersuchung der Alterungsneigung von weichen unlegierten Stählen durch Härteprüfung bei Temperaturen bis 300 Grad C
*in Vorbereitung*

**HEFT 228**
*Prof. Dr. F. Wever, Dr. W. Koch, Düsseldorf und Dr. B. A. Steinkopf, Dortmund*
Spektrochemische Grundlagen der Analyse von Gemischen aus Kohlenmonoxyd, Wasserstoff und Stickstoff
*in Vorbereitung*

**HEFT 229**
*Prof. Dr. F. Wever, Dr. W. Koch und Dr.-Ing. H. Malissa, Düsseldorf*
Über die Anwendung disubstituierter Dithiocarbamate der analytischen Chemie
*in Vorbereitung*

**HEFT 230**
*Prof. Dr. F. Wever, Düsseldorf und Dr. W. Wepner, Köln*
Bestimmung kleiner Kohlenstoffgehalte im Alpha-Eisen durch Dämpfungsmessung
*in Vorbereitung*

**HEFT 231**
*Dr.-Ing. W. Küch, Dortmund*
Über die Wechselwirkung zwischen Holzschutzbehandlung und Verleimung
*in Vorbereitung*

**HEFT 232**
*Prof. Dr.-Ing. O. Kienzle, Hannover und Dr.-Ing. H. Münnich, Schweinfurt*
Feststellung der Spannungen und Dehnungen und Bruchdrehzahlen der unter Fliehkraft und Bearbeitungskraft beanspruchten Schleifkörper
*in Vorbereitung*

**HEFT 233**
*Dr. H. Haase, Hamburg*
Infrarot-Bibliographie
*in Vorbereitung*

**HEFT 234**
*Dr.-Ing. K. G. Speith und Dr.-Ing. A. Bungeroth, Duisburg*
Versuche zur Steigerung des Kokillen-Schluckvermögens beim Stranggießen von Stahl
*in Vorbereitung*

**HEFT 235**
*Prof. Dr.-Ing. K. Leist und Dipl.-Ing. W. Dettmering, Aachen*
Turbinenschaufeln aus Kunststoff für Kaltluftversuchsanlagen
*in Vorbereitung*

**HEFT 236**
*Dr.-Ing. O. Viertel und S. Lucas, Krefeld*
Ergebnisse einer Hausfrauenbefragung über Wascheinrichtungen und Waschmethoden in städtischen Haushaltungen
*in Vorbereitung*

**HEFT 237**
*Dr. P. Endler und Dr. H. Ludes, Köln*
Bericht über eine Studienreise zur Orientierung der heutigen Behandlung der Lungentuberkulose in den Vereinigten Staaten von Nordamerika
*in Vorbereitung*

**HEFT 238**
*Institut für textile Meßtechnik, M.-Gladbach, e. V.*
Untersuchung der Verzugsvorgänge an den Streckwerken verschiedener Spinnereimaschinen. 3. Bericht: Theoretische Betrachtungen über den Einfluß schlagender Zylinder und Druckrollen
*in Vorbereitung*

**HEFT 239**
*Prof. Dr.-Ing. K. Leist und Dipl.-Ing. H. Scheele, Aachen und Dipl.-Ing. F. H. Flottmann, Herne*
Versuche an einem neuartigen luftgekühlten Hochleistungs-Kolbenkompressor
*in Vorbereitung*

**HEFT 240**
*Prof. Dr.-Ing. K. Leist und Dipl.-Ing. H. Scheele, Aachen*
Temperaturmessungen an einem einstufigen luftgekühlten 4-Zylinder-Kolbenkompressor mit Kühlgebläse
*in Vorbereitung*

**HEFT 241**
*Prof. Dr.-Ing. K. Leist und Dipl.-Ing. M. Pötke, Aachen*
Leistungsversuche an einem Kühlluftgebläse
*in Vorbereitung*

**HEFT 242**
*Prof. Dr.-Ing. K. Leist und Dipl.-Ing. K. Graf, Aachen*
Straßenfahrzeuge mit Gasturbinenantrieb
*in Vorbereitung*

**HEFT 243**
*Prof. Dr.-Ing. K. Leist und Dipl.-Ing. S. Förster, Aachen*
Die französische Kleingasturbine Artouste — 1. Teil
*in Vorbereitung*

**HEFT 244**
*Prof. Dr. F. Wever, Dr. W. Koch und Dr. S. Eckhard, Düsseldorf*
Erfahrungen mit der spektrochemischen Analyse von Gefügebestandteilen des Stahles
*in Vorbereitung*

**HEFT 245**
*Prof. Dr.-Ing. K. Krekeler, Aachen*
Das Verbinden von Metallen durch Kunstharzkleber. Teil I: Eigenschaften und Verwendung der Metallklebstoffe
*in Vorbereitung*

**HEFT 246**
*Prof. Dr.-Ing. K. Krekeler, Aachen*
Das Verbinden von Metallen durch Kunstharzkleber. Teil II: Untersuchungen an geklebten Leichtmetall-Verbindungen
*in Vorbereitung*

**HEFT 247**
*Dr. H. Söhngen, Darmstadt*
Strömung vor einem Überschall-Laufrad
*in Vorbereitung*

**HEFT 248**
*Rheinische Aktiengesellschaft für Braunkohlenbergbau und Brikettfabrikation, Köln*
Untersuchung der Bindemitteleigenschaften von Braunkohlenfilteraschen
*in Vorbereitung*

**HEFT 249**
*Dr. M.-E. Meffert, Essen*
Weitere Kulturversuche Scenedesmus obliquus
*in Vorbereitung*

**HEFT 250**
*Dr. F. Schwarz und Dr.-Ing. K. Alberti, Köln*
Entwicklung von Untersuchungsverfahren zur Gütebeurteilung von Industriekalken
*in Vorbereitung*

**HEFT 251**
*Prof. Dr. H. Bittel, Münster*
Zur Statistik der ferromagnetischen Elementarvorgänge und ihren Einfluß auf das Barkhausenrauschen
*in Vorbereitung*

**HEFT 252**
*Dipl.-Ing. H. Frings, Geilenkirchen*
Die Wirkung abfallender Wetterführung auf Wettertemperatur, Grubengasgehalt und Staubbildung
*in Vorbereitung*

**HEFT 253**
*Dipl.-Ing. S. Schirmanski, Berghausen*
Stand und Auswertung der Forschungsarbeiten über Temperatur- und Feuchtigkeitsgrenzen bei der bergmännischen Arbeit
*in Vorbereitung*

**HEFT 254**
*Prof. Dr. R. Danneel, Bonn*
Quantitative Untersuchungen über die Entwicklung des Ehrlich-Ascitesturmos bei Inzuchtmäusen
*in Vorbereitung*

**HEFT 255**
*Ing. W. v. Schlippe, Bad Nauheim*
Strömung von Flüssigkeiten mit temperaturabhängiger Zähigkeit (Kühlung von Ölen)
*in Vorbereitung*

**HEFT 256**
*Prof. Dr. C. Schmieden und Dipl.-Math. K. H. Müller, Darmstadt*
Die Strömung einer Quellstrecke im Halbraum — eine strenge Lösung der Navier-Stokes-Gleichungen
*in Vorbereitung*

**HEFT 257**
*Prof. Dr. G. Lehmann und Dr. J. Tamm, Dortmund*
Die Beeinflussung vegetativer Funktionen des Menschen durch Geräusche
*in Vorbereitung*

**HEFT 258**
*Dr. H. Paul, Linz/Rhein und Prof. Dr. O. Graf, Dortmund*
Zur Frage der Unfälle im Bergbau
*in Vorbereitung*

**HEFT 259**
*Prof. D. W. Linke, Aachen*
Strömungsvorgänge in künstlich belüfteten Räumen
*in Vorbereitung*

**HEFT 260**
*Prof. Dr. W. Kast, Freiburg/Br., Prof. Dr. H. A. Stuart und Dipl.-Phys. H. G. Fendler, Hannover*
Lichtzerstreuungsmessungen an Lösungen hochpolymerer Stoffe
*in Vorbereitung*

**HEFT 261**
*Prof. Dr. W. Kast, Freiburg/Br.*
Feinstruktur-Untersuchungen an künstlichen Zellulosefasern verschiedener Herstellungsverfahren. Teil II: Der Kristallisationszustand
*in Vorbereitung*

**HEFT 262**
*Dr.-Ing. W. Batel, Aachen*
Untersuchungen zur Absiebung feuchter, feinkörniger Haufwerke und Schwingsieben
*in Vorbereitung*

**HEFT 263**
*Prof. Dr. H. Lange und Dipl.-Phys. R. Kohlhaas, Köln*
Über die Wärmefähigkeit von Stählen bei hohen Temperaturen. Teil I: Literaturbericht
*in Vorbereitung*

**HEFT 264**
*Prof. Dr. W. Weizel, Bonn*
Durch schnelle Funkenzusammenbrüche ausgelöste Signale auf einer Leitung
*in Vorbereitung*

**HEFT 265**
*Prof. Dr. F. Micheel und Dr. R. Engel, Münster*
Eine Apparatur zur elektrophoretischen Trennung von Stoffgemischen
*in Vorbereitung*

**HEFT 266**
*Fliesen-Beratungsstelle Bad Godesberg-Mehlem*
Güteeigenschaften keramischer Wand- und Bodenfliesen und deren Prüfmethoden
*in Vorbereitung*

**HEFT 267**
*Prof. Dr. W. Weizel und B. Brandt, Bonn*
Zur Stabilität stromstarker Glimmentladungen
*in Vorbereitung*

**HEFT 268**
*Prof. Dr.-Ing. G. Vogelpohl, Göttingen*
Über die Tragfähigkeit von Gleitlagern und ihre Berechnung
*in Vorbereitung*

---

**WESTDEUTSCHER VERLAG · KÖLN UND OPLADEN**

# VERÖFFENTLICHUNGEN DER ARBEITSGEMEINSCHAFT FÜR FORSCHUNG DES LANDES NORDRHEIN-WESTFALEN

## NATURWISSENSCHAFTEN

Im Auftrage des Ministerpräsidenten Karl Arnold
herausgegeben von Staatssekretär Prof. Leo Brandt

**HEFT 1**
*Prof. Dr.-Ing. Friedrich Seewald, Aachen*
Neue Entwicklungen auf dem Gebiet der Antriebsmaschinen
*Prof. Dr.-Ing. Friedrich A. F. Schmidt, Aachen*
Technischer Stand und Zukunftsaussichten der Verbrennungsmaschinen, insbesondere der Gasturbinen
*Dr.-Ing. Rudolf Friedrich, Mülheim (Ruhr)*
Möglichkeiten und Voraussetzungen der industriellen Verwertung der Gasturbine
1951, 52 Seiten, 15 Abb., kartoniert, DM 4,25

**HEFT 2**
*Prof. Dr.-Ing. Wolfgang Riezler, Bonn*
Probleme der Kernphysik
*Prof. Dr. Fritz Micheel, Münster*
Isotope als Forschungsmittel in der Chemie und Biochemie
1951, 40 Seiten, 10 Abb., kartoniert, DM 3,20

**HEFT 3**
*Prof. Dr. Emil Lehnartz, Münster*
Der Chemismus der Muskelmaschine
*Prof. Dr. Gunther Lehmann, Dortmund*
Physiologische Forschung als Voraussetzung der Bestgestaltung der menschlichen Arbeit
*Prof. Dr. Heinrich Kraut, Dortmund*
Ernährung und Leistungsfähigkeit
1951, 60 Seiten, 35 Abb., kartoniert, DM 5,—

**HEFT 4**
*Prof. Dr. Franz Wever, Düsseldorf*
Aufgaben der Eisenforschung
*Prof. Dr.-Ing. Hermann Schenck, Aachen*
Entwicklungslinien des deutschen Eisenhüttenwesens
*Prof. Dr.-Ing. Max Haas, Aachen*
Wirtschaftliche Bedeutung der Leichtmetalle und ihre Entwicklungsmöglichkeiten
1952, 60 Seiten, 20 Abb., kartoniert, DM 6,—

**HEFT 5**
*Prof. Dr. Walter Kikuth, Düsseldorf*
Virusforschung
*Prof. Dr. Rolf Danneel, Bonn*
Fortschritte der Krebsforschung
*Prof. Dr. Dr. Werner Schulemann, Bonn*
Wirtschaftliche und organisatorische Gesichtspunkte für die Verbesserung unserer Hochschulforschung
1952, 50 Seiten, 2 Abb., kartoniert, DM 4,—

**HEFT 6**
*Prof. Dr. Walter Weizel, Bonn*
Die gegenwärtige Situation der Grundlagenforschung in der Physik
*Prof. Dr. Siegfried Strugger, Münster*
Das Duplikantenproblem in der Biologie
*Direktor Dr. Fritz Gummert, Essen*
Überlegungen zu den Faktoren Raum und Zeit im biologischen Geschehen und Möglichkeiten einer Nutzanwendung
1952, 64 Seiten, 20 Abb., kartoniert, DM 4,—

**HEFT 7**
*Prof. Dr.-Ing. August Götte, Aachen*
Steinkohle als Rohstoff und Energiequelle
*Prof. Dr. Dr. E. h. Karl Ziegler, Mülheim (Ruhr)*
Über Arbeiten des Max-Planck-Institutes für Kohlenforschung
1953, 66 Seiten, 4 Abb., kartoniert, DM 4,75

**HEFT 8**
*Prof. Dr.-Ing. Wilhelm Fucks, Aachen*
Die Naturwissenschaft, die Technik und der Mensch
*Prof. Dr. Walther Hoffmann, Münster*
Wirtschaftliche und soziologische Probleme des technischen Fortschritts
1952, 84 Seiten, 12 Abb., kartoniert, DM 6,50

**HEFT 9**
*Prof. Dr.-Ing. Franz Bollenrath, Aachen*
Zur Entwicklung warmfester Werkstoffe
*Prof. Dr. Heinrich Kaiser, Dortmund*
Stand spektralanalytischer Prüfverfahren und Folgerung für deutsche Verhältnisse
1952, 100 Seiten, 62 Abb., kartoniert, DM 7,50

**HEFT 10**
*Prof. Dr. Hans Braun, Bonn*
Möglichkeiten und Grenzen der Resistenzzüchtung
*Prof. Dr.-Ing. Carl Heinrich Dencker, Bonn*
Der Weg der Landwirtschaft von der Energieautarkie zur Fremdenergie
1952, 74 Seiten, 23 Abb., kartoniert, DM 6,80

**HEFT 11**
*Prof. Dr.-Ing. Herwart Opitz, Aachen*
Entwicklungslinien der Fertigungstechnik in der Metallbearbeitung
*Prof. Dr.-Ing. Karl Krekeler, Aachen*
Stand und Aussichten der schweißtechnischen Fertigungsverfahren
1952, 72 Seiten, 49 Abb., kartoniert, DM 6,40

**HEFT 12**
*Dr. Hermann Rathert, Wuppertal-Elberfeld*
Entwicklung auf dem Gebiet der Chemiefaser-Herstellung
*Prof. Dr. Wilhelm Weltzien, Krefeld*
Rohstoff und Veredlung in der Textilwirtschaft
1952, 84 Seiten, 29 Abb., kartoniert, DM 7,—

**HEFT 13**
*Dr.-Ing. E. h. Karl Herz, Frankfurt a. M.*
Die technischen Entwicklungstendenzen im elektrischen Nachrichtenwesen
*Staatssekretär Prof. Leo Brandt, Düsseldorf*
Navigation und Luftsicherung
1952, 102 Seiten, 97 Abb., kartoniert, DM 9,75

**HEFT 14**
*Prof. Dr. Burckhardt Helferich, Bonn*
Stand der Enzymchemie und ihre Bedeutung
*Prof. Dr. Hugo Wilhelm Knipping, Köln*
Ausschnitt aus der klinischen Carcinomforschung am Beispiel des Lungenkrebses
1952, 72 Seiten, 12 Abb., kartoniert, DM 6,25

**HEFT 15**
*Prof. Dr. Abraham Esau †, Aachen*
Ortung mit elektrischen und Ultraschallwellen in Technik und Natur
*Prof. Dr.-Ing. Eugen Flegler, Aachen*
Die ferromagnetischen Werkstoffe der Elektrotechnik und ihre neueste Entwicklung
1953, 84 Seiten, 25 Abb., kartoniert, DM 6,25

**HEFT 16**
*Prof. Dr. Rudolf Seyffert, Köln*
Die Problematik der Distribution
*Prof. Dr. Theodor Beste, Köln*
Der Leistungslohn
1952, 70 Seiten, 1 Abb., kartoniert, DM 4,50

**HEFT 17**
*Prof. Dr.-Ing. Friedrich Seewald, Aachen*
Luftfahrtforschung in Deutschland und ihre Bedeutung für die allgemeine Technik
*Prof. Dr.-Ing. Edouard Houdremont, Essen*
Art und Organisation der Forschung in einem Industrieforschungsinstitut der Eisenindustrie
1953, 90 Seiten, 4 Abb., kartoniert, DM 5,50

**HEFT 18**
*Prof. Dr. Dr. Werner Schulemann, Bonn*
Theorie und Praxis pharmakologischer Forschung
*Prof. Dr. Wilhelm Groth, Bonn*
Technische Verfahren zur Isotopentrennung
1953, 72 Seiten, 17 Abb., kartoniert, DM 5,—

**HEFT 19**
*Dipl.-Ing. Kurt Traenckner, Essen*
Entwicklungstendenzen der Gaserzeugung
1953, 26 Seiten, 12 Abb., kartoniert, DM 2,50

**HEFT 20**
*M. Zvegintzow, London*
Wissenschaftliche Forschung und die Auswertung ihrer Ergebnisse
Ziel und Tätigkeit der National Research Development Corporation
*Dr. Alexander King, London*
Wissenschaft und internationale Beziehungen
1954, 88 Seiten, kartoniert, DM 4,60

**HEFT 21**
*Prof. Dr. Robert Schwarz, Aachen*
Wesen und Bedeutung der Silicium-Chemie
*Prof. Dr. Dr. h. c. Kurt Alder, Köln*
Fortschritte in der Synthese von Kohlenstoffverbindungen
1954, 76 Seiten, 49 Abb., kartoniert, DM 5,20

**HEFT 21a**
*Prof. Dr. Dr. h. c. Otto Hahn, Göttingen*
Die Bedeutung der Grundlagenforschung für die Wirtschaft
*Prof. Dr. Siegfried Strugger, Münster*
Die Erforschung des Wasser- und Nährsalztransportes im Pflanzenkörper mit Hilfe der fluoreszenzmikroskopischen Kinematographie
1953, 74 Seiten, 26 Abb., kartoniert, DM 5,80

**HEFT 22**
*Prof. Dr. Johannes von Allesch, Göttingen*
Die Bedeutung der Psychologie im öffentlichen Leben
*Prof. Dr. Otto Graf, Dortmund*
Triebfedern menschlicher Leistung
1953, 80 Seiten, 19 Abb., kartoniert, DM 4,80

**HEFT 23**
*Prof. Dr. Dr. h. c. Bruno Kuske, Köln*
Zur Problematik der wirtschaftswissenschaftlichen Raumforschung
*Prof. Dr.-Ing. E. h. Stephan Prager, Düsseldorf*
Städtebau und Landesplanung
1954, 84 Seiten, kartoniert, DM 4,—

**HEFT 24**
*Prof. Dr. Rolf Danneel, Bonn*
Über die Wirkungsweise der Erbfaktoren
*Prof. Dr. Kurt Herzog, Krefeld*
Bewegungsbedarf der menschlichen Gliedmaßengelenke bei der Berufsarbeit
1953, 76 Seiten, 18 Abb., kartoniert, DM 4,80

WESTDEUTSCHER VERLAG · KÖLN UND OPLADEN

*Prof. Dr. Otto Haxel, Heidelberg*
Energiegewinnung aus Kernprozessen
*Dr.-Ing. Dr. Max Wolf, Düsseldorf*
Gegenwartsprobleme der energiewirtschaftlichen Forschung
*1953, 98 Seiten, 27 Abb., kartoniert, DM 6,25*

HEFT 26
*Prof. Dr. Friedrich Becker, Bonn*
Ultrakurzwellenstrahlung aus dem Weltraum
*Dr. Hans Straßl, Bonn*
Bemerkenswerte Doppelsterne und das Problem der Sternentwicklung
*1954, 70 Seiten, 8 Abb., kartoniert, DM 4,—*

HEFT 27
*Prof. Dr. Heinrich Behnke, Münster*
Der Strukturwandel der Mathematik in der ersten Hälfte des 20. Jahrhunderts
*Prof. Dr. Emanuel Sperner, Hamburg*
Eine mathematische Analyse der Luftdruckverteilungen in großen Gebieten
*in Vorbereitung*

HEFT 28
*Prof. Dr. Oskar Niemczyk, Aachen*
Die Problematik gebirgsmechanischer Vorgänge im Steinkohlenbergbau
*Prof. Dr. Wilhelm Ahrens, Krefeld*
Die Bedeutung geologischer Forschung für die Wirtschaft, besonders in Nordrhein-Westfalen
*1955, 96 Seiten, 12 Abb., kartoniert, DM 6.40*

HEFT 29
*Prof. Dr. Bernhard Rensch, Münster*
Das Problem der Residuen bei Lernleistungen
*Prof. Dr. Hermann Fink, Köln*
Über Leberschäden bei der Bestimmung des biologischen Wertes verschiedener Eiweiße von Mikroorganismen
*1954, 96 Seiten, 23 Abb., kartoniert, DM 6,—*

HEFT 30
*Prof. Dr.-Ing. Friedrich Seewald, Aachen*
Forschungen auf dem Gebiete der Aerodynamik
*Prof. Dr.-Ing. Karl Leist, Aachen*
Einige Forschungsarbeiten aus der Gasturbinentechnik
*1955, 98 Seiten, 45 Abb., kartoniert, DM 8,80*

HEFT 31
*Prof. Dr.-Ing. Dr. h. c. Fritz Mietzsch, Wuppertal*
Chemie und wirtschaftliche Bedeutung der Sulfonamide
*Prof. Dr. Dr. h. c. Gerhard Domagk, Wuppertal*
Die experimentellen Grundlagen der bakteriellen Infektionen
*1954, 82 Seiten, 2 Abb., kartoniert, DM 5,25*

HEFT 32
*Prof. Dr. Hans Braun, Bonn*
Die Verschleppung von Pflanzenkrankheiten und -schädigungen über die Welt
*Prof. Dr. Wilhelm Rudorf, Voldagsen*
Der Beitrag von Genetik und Züchtung zur Bekämpfung von Viruskrankheiten der Nutzpflanzen
*1953, 88 Seiten, 36 Abb., kartoniert, DM 6,75*

HEFT 33
*Prof. Dr.-Ing. Volker Aschoff, Aachen*
Probleme der elektroakustischen Einkanalübertragung
*Prof. Dr.-Ing. Herbert Döring, Aachen*
Erzeugung und Verstärkung von Mikrowellen
*1954, 74 Seiten, 23 Abb., kartoniert, DM 4,50*

HEFT 34
*Geheimrat Prof. Dr. Dr. Rudolf Schenck, Aachen*
Bedingungen und Gang der Kohlenhydratsynthese im Licht
*Prof. Dr. Emil Lehnartz, Münster*
Die Endstufen des Stoffabbaues im Organismus
*1954, 80 Seiten, 11 Abb., kartoniert, DM 5,50*

HEFT 35
*Prof. Dr.-Ing. Hermann Schenck, Aachen*
Gegenwartsprobleme der Eisenindustrie in Deutschland
*Prof. Dr.-Ing. Eugen Piwowarsky †, Aachen*
Gelöste und ungelöste Probleme im Gießereiwesen
*1954, 110 Seiten, 67 Abb., kartoniert, DM 9,-*

HEFT 36
*Prof. Dr. Wolfgang Riezler, Bonn*
Teilchenbeschleuniger
*Prof. Dr. Gerhard Schubert, Hamburg*
Anwendung neuer Strahlenquellen in der Krebstherapie
*1954, 104 Seiten, 43 Abb., kartoniert, DM 8,20*

*Prof. Dr. Franz Lotze, Münster*
Probleme der Gebirgsbildung
*Bergwerksdirektor Bergassessor a.D. G. Rauschenbach, Essen*
Die Erhaltung der Förderungskapazität des Ruhrbergbaues auf lange Sicht
*in Vorbereitung*

HEFT 38
*Dr. E. Colin Cherry, London*
Kybernetik
*Prof. Dr. Erich Pietsch, Clausthal-Zellerfeld*
Dokumentation und mechanisches Gedächtnis — zur Frage der Ökonomie der geistigen Arbeit
*1954, 108 Seiten, 31 Abb., kartoniert, DM 7,20*

HEFT 39
*Dr. Heinz Haase, Hamburg*
Infrarot und seine technischen Anwendungen
*Prof. Dr. Abraham Esau †, Aachen*
Ultraschall und seine technischen Anwendungen
*1955, 80 Seiten, 25 Abb., kartoniert, DM 6,20*

HEFT 40
*Bergassessor Fritz Lange, Bochum-Hordel*
Die wirtschaftliche und soziale Bedeutung der Silikose im Bergbau
*Prof. Dr. Walter Kikuth, Düsseldorf*
Die Entstehung der Silikose und ihre Verhütungsmaßnahmen
*1954, 120 Seiten, 40 Abb., kartoniert, DM 9,50*

HEFT 40a
*Prof. Dr. Eberhard Gross, Bonn*
Berufskrebs und Krebsforschung
*Prof. Dr. Hugo Wilhelm Knipping, Köln*
Die Situation der Krebsforschung vom Standpunkt der Klinik
*1955, 88 Seiten, 31 Abb., kartoniert, DM 6,70*

HEFT 41
*Direktor Dr.-Ing. Gustav-Victor Lachmann, London*
An einer neuen Entwicklungsschwelle im Flugzeugbau
*Direktor Dr.-Ing. A. Gerber, Zürich-Oerlikon*
Stand der Entwicklung der Raketen- und Lenktechnik
*1955, 88 Seiten, 44 Abb., kartoniert, DM 8,40*

HEFT 42
*Prof. Dr. Theodor Kraus, Köln*
Lokalisationsphänomene und Raumordnung vom Standpunkt der geographischen Wissenschaft
*Direktor Dr. Fritz Gummert, Essen*
Vom Ernährungsversuchsfeld der Kohlenstoffbiologischen Forschungsstation Essen
*in Vorbereitung*

HEFT 42a
*Prof. Dr. Dr. h. c. Gerhard Domagk, Wuppertal*
Fortschritte auf dem Gebiet der experimentellen Krebsforschung
*1954, 46 Seiten, kartoniert, DM 2,60*

HEFT 43
*Prof. Giovanni Lampariello, Rom*
Über Leben und Werk von Heinrich Hertz
*Prof. Dr. Walter Weizel, Bonn*
Über das Problem der Kausalität in der Physik
*1955, 76 Seiten, kartoniert, DM 4,40*

HEFT 43a
*Prof. Dr. José Ma Albareda, Madrid*
Die Entwicklung der Forschung in Spanien
*in Vorbereitung*

HEFT 44
*Prof. Dr. Burckhardt Helferich, Bonn*
Über Glykoside
*Prof. Dr. Fritz Micheel, Münster*
Kohlenhydrat-Eiweiß-Verbindungen und ihre biochemische Bedeutung

HEFT 45
*Prof. Dr. John von Neumann, Princeton, USA*
Entwicklung und Ausnutzung neuerer mathematischer Maschinen
*Prof. Dr. E. Stiefel, Zürich*
Rechenautomaten im Dienste der Technik mit Beispielen aus dem Züricher Institut für angewandte Mathematik
*1955, 74 Seiten, 6 Abb., kartoniert, DM 4,80*

HEFT 46
*Prof. Dr. Wilhelm Weltzien, Krefeld*
Ausblick auf die Entwicklung synthetischer Fasern
*Prof. Dr. Walther Hoffmann, Münster*
Wachstumsformen der Industriewirtschaft
*in Vorbereitung*

*Staatssekretär Prof. Leo Brandt, Düsseldorf*
Die praktische Förderung der Forschung in Nordrhein-Westfalen
*Prof. Dr. Ludwig Raiser, Bad Godesberg*
Die Förderung der angewandten Forschung durch die Deutsche Forschungsgemeinschaft
*in Vorbereitung*

HEFT 48
*Dr. Hermann Tromp, Rom*
Bestandsaufnahme der Wälder der Welt als internationale und wissenschaftliche Aufgabe
*Prof. Dr. Franz Heske, Schloß Reinbek*
Die Wohlfahrtswirkungen des Waldes als internationales Problem
*in Vorbereitung*

HEFT 49
*Präsident Dr. G. Böhnecke, Hamburg*
Zeitfragen der Ozeanographie
*Reg.-Direktor Dr. H. Gabler, Hamburg*
Nautische Technik und Schiffssicherheit
*1955, 120 Seiten, 49 Abb., kartoniert, DM 10,20*

HEFT 50
*Prof. Dr.-Ing. Friedrich A. F. Schmidt, Aachen*
Probleme der Selbstzündung und Verbrennung bei der Entwicklung der Hochleistungskraftmaschinen
*Prof. Dr.-Ing. A. W. Quick, Aachen*
Ein Verfahren zur Untersuchung des Austauschvorganges in verwirbelten Strömungen hinter Körpern mit abgelöster Strömung
*in Vorbereitung*

HEFT 51
*Prof. Dr. Siegfried Strugger, Münster*
Struktur, Entwicklungsgeschichte und Physiologie der Chloroplasten
*Direktor Dr. J. Pätzold, Erlangen*
Therapeutische Anwendung mechanischer und elektrischer Energie
*in Vorbereitung*

HEFT 52
*Mr. Patmore, London*
Lufttüchtigkeit und technische Prüfung der Flugzeuge in England
*Pro. A. D. Young, Cranfield*
Die Ausbildung des Ingenieurnachwuchses auf dem Luftfahrtgebiet in England
*in Vorbereitung*

JAHRESFEIER 1955
*Prof. Dr. Josef Pieper, Münster*
Über den Philosophie-Begriff Platons
*Prof. Dr. Walter Weizel, Bonn*
Die Mathematik und die physikalische Realität
*1955, 62 Seiten, kartoniert, DM 4,40*

HEFT 52a
*Dr. D. C. Martin, London*
Geschichte und Organisation der Royal Society
*Dr. Roux, Südafrika*
Probleme der wissenschaftlichen Forschung in der Südafrikanischen Union
*in Vorbereitung*

HEFT 53
*Prof. Dr.-Ing. Georg Schnadel, Hamburg*
Forschungsaufgaben zur Untersuchung der Festigkeitsprobleme im Schiffsbau
*Prof. Dipl.-Ing. Wilhelm Sturtzel, Duisburg*
Forschungsaufgaben zur Untersuchung der Widerstandsprobleme im Schiffsbau
*in Vorbereitung*

HEFT 53a
*Prof. Giovanni Lampariello, Rom*
Von Galilei zu Einstein
*in Vorbereitung*

HEFT 54
*Prof. Dr. Julius Bartels, Göttingen*
Sonne und Erde — das Thema des internationalen geophysikalischen Jahres
*Direktor Dr. Walter Dieminger, Lindau/Harz*
Ionosphäre und drahtloser Weitverkehr
*in Vorbereitung*

HEFT 54a
*Sir John Cockcroft, London*
Die friedliche Anwendung der Kernenergie
*in Vorbereitung*

HEFT 55
*Prof. Dr.-Ing. Fritz Schultz-Grunow, Aachen*
Das Kriechen und Fließen hochzäher und plastischer Stoffe
*Prof. Dr.-Ing. Hans Ebner, Aachen*
Wege und Ziele der Festigkeitsforschung besonders im Hinblick auf den Leichtbau
*in Vorbereitung*

WESTDEUTSCHER VERLAG · KÖLN UND OPLADEN

HEFT 56
*Prof. Dr. Ernst Derra, Düsseldorf*
Der Entwicklungsstand der Herzchirurgie
*Prof. Dr. Gunther Lehmann, Dortmund*
Muskelarbeit und Muskelermüdung in Theorie und Praxis
*in Vorbereitung*

HEFT 57
*Prof. Dr. Theodor von Kármán, Pasadena*
Freiheit und Organisation in der Luftfahrtforschung
*in Vorbereitung*

HEFT 58
*Prof. Dr. Fritz Schröter, Ulm*
Neue Forschungs- und Entwicklungsrichtungen im Fernsehen
*Prof. Dr. Albert Narath, Berlin*
Der gegenwärtige Stand der Filmtechnik
*in Vorbereitung*

# VERÖFFENTLICHUNGEN DER ARBEITSGEMEINSCHAFT FÜR FORSCHUNG DES LANDES NORDRHEIN-WESTFALEN

## GEISTESWISSENSCHAFTEN

Im Auftrage des Ministerpräsidenten Karl Arnold
herausgegeben von Staatssekretär Prof. Leo Brandt

HEFT 1
*Prof. Dr. Werner Richter, Bonn*
Die Bedeutung der Geisteswissenschaften für die Bildung unserer Zeit
*Prof. Dr. Joachim Ritter, Münster*
Die aristotelische Lehre vom Ursprung und Sinn der Theorie
*1953, 64 Seiten, kartoniert, DM 3,50*

HEFT 2
*Prof. Dr. Josef Kroll, Köln*
Elysium
*Prof. Dr. Günther Jachmann, Köln*
Die vierte Ekloge Vergils
*1953, 72 Seiten, kartoniert, DM 3,75*

HEFT 3
*Prof. Dr. Hans Erich Stier, Münster*
Die klassische Demokratie
*1954, 100 Seiten, kartoniert, DM 6,—*

HEFT 4
*Prof. Dr. Werner Caskel, Köln*
Lihyan und Lihyanisch. Sprache und Kultur eines frühárabischen Königreiches
*1954, 168 Seiten, 6 Abb., kartoniert, DM 11,—*

HEFT 5
*Prof. Dr. Thomas Ohm, Münster*
Stammesreligionen im südlichen Tanganyika-Territorium
*1953, 80 Seiten, 25 Abb., kartoniert, DM 11,50*

HEFT 6
*Prälat Prof. Dr. Dr. h. c. Georg Schreiber, Münster*
Deutsche Wissenschaftspolitik von Bismarck bis zum Atomwissenschaftler Otto Hahn
*1954, 102 Seiten, 7 Bilder, kartoniert, DM 6,25*

HEFT 7
*Prof. Dr. Walter Holtzmann, Bonn*
Das mittelalterliche Imperium und die werdenden Nationen
*1953, 28 Seiten, kartoniert, DM 2,50*

HEFT 8
*Prof. Dr. Werner Caskel, Köln*
Die Bedeutung der Beduinen in der Geschichte der Araber
*1954, 44 Seiten, kartoniert, DM 2,75*

HEFT 9
*Prälat Prof. Dr. Dr. h. c. Georg Schreiber, Münster*
Irland im deutschen und abendländischen Sakralraum
*in Vorbereitung*

HEFT 10
*Prof. Dr. Peter Rassow, Köln*
Forschungen zur Reichsidee im 16. und 17. Jahrhundert
*1955, 32 Seiten, kartoniert, DM 1,90*

HEFT 11
*Prof. Dr. Hans Erich Stier, Münster*
Roms Aufstieg zur Weltherrschaft
*in Vorbereitung*

HEFT 12
*Prof. D. Karl Heinrich Rengstorf, Münster*
Mann und Frau im Urchristentum
*Prof. Dr. Hermann Conrad, Bonn*
Grundprobleme einer Reform des Familienrechts
*1954, 106 Seiten, kartoniert, DM 6,—*

HEFT 13
*Prof. Dr. Max Braubach, Bonn*
Der Weg zum 20. Juli 1944
*1953, 48 Seiten, kartoniert, DM 3,25*

HEFT 14
*Prof. Dr. Paul Hübinger, Münster*
Das deutsch-französische Verhältnis und seine mittelalterlichen Grundlagen
*in Vorbereitung*

HEFT 15
*Prof. Dr. Franz Steinbach, Bonn*
Der geschichtliche Weg des wirtschaftenden Menschen in die soziale Freiheit und politische Verantwortung
*1954, 76 Seiten, kartoniert, DM 3,80*

HEFT 16
*Prof. Dr. Josef Koch, Köln*
Die Ars coniecturalis des Nikolaus von Cues
*in Vorbereitung*

HEFT 17
*Prof. Dr. James Conant,*
*US-Hochkommissar für Deutschland*
Staatsbürger und Wissenschaftler
*Prof. D. Karl Heinrich Rengstorf, Münster*
Antike und Christentum
*1953, 48 Seiten, 2 Abb., kartoniert, DM 3,50*

HEFT 18
*Prof. Dr. Richard Alewyn, Köln*
Klopstocks Publikum
*in Vorbereitung*

HEFT 19
*Prof. Dr. Fritz Schalk, Köln*
Das Lächerliche in der französischen Literatur des Ancien Régime
*1954, 42 Seiten, kartoniert, DM 2,25*

HEFT 20
*Prof. Dr. Ludwig Raiser, Bad Godesberg*
Rechtsfragen der Mitbestimmung
*1954, 48 Seiten, kartoniert, DM 2,50*

HEFT 21
*Prof. D. Martin Noth, Bonn*
Das Geschichtsverständnis der alttestamentlichen Apokalyptik
*1953, 36 Seiten, kartoniert, DM 2,20*

HEFT 22
*Prof. Dr. Walter F. Schirmer, Bonn*
Glück und Ende des Könige in Shakespeares Historien
*1954, 32 Seiten, kartoniert, DM 1,60*

HEFT 23
*Prof. Dr. Günther Jachmann, Köln*
Der homerische Schiffskatalog und die Ilias
*in Vorbereitung*

HEFT 24
*Prof. Dr. Theodor Klauser, Bonn*
Die römischen Petrustraditionen im Lichte der neuen Ausgrabungen unter der Peterskirche
*in Vorbereitung*

HEFT 25
*Prof. Dr. Hans Peters, Köln*
Die Gewaltentrennung in moderner Sicht
*1955, 48 Seiten, kartoniert, DM 3,10*

HEFT 26
*Prof. Dr. Fritz Schalk, Köln*
Calderon und die Mythologie
*in Vorbereitung*

HEFT 27
*Prof. Dr. Josef Kroll, Köln*
Vom Leben geflügelter Worte
*in Vorbereitung*

WESTDEUTSCHER VERLAG · KÖLN UND OPLADEN

**HEFT 28**
*Prof. Dr. Thomas Ohm, Münster*
Die Religionen in Asien
*1954, 50 Seiten, 4 Abb., kartoniert, DM 7,—*

**HEFT 29**
*Prof. Dr. Johann Leo Weisgerber, Bonn*
Die Ordnung der Sprache im persönlichen und öffentlichen Leben
*1955, 64 Seiten, kartoniert, DM 3,50*

**HEFT 30**
*Prof. Dr. Werner Caskel, Köln*
Entdeckungen in Arabien
*1954, 44 Seiten, kartoniert, DM 3,20*

**HEFT 31**
*Prof. Dr. Max Braubach, Bonn*
Entstehung und Entwicklung der landesgeschichtlichen Bestrebungen und historischen Vereine im Rheinland
*1955, 32 Seiten, kartoniert, DM 2.20*

**HEFT 32**
*Prof. Dr. Fritz Schalk, Köln*
Somnium und verwandte Wörter in den romanischen Sprachen
*1955, 48 Seiten, 3 Abb., kartoniert, DM 3,60*

**HEFT 33**
*Prof. Dr. Friedrich Dessauer, Frankfurt a. M.*
Erbe und Zukunft des Abendlandes
*in Vorbereitung*

**HEFT 34**
*Prof. Dr. Thomas Ohm, Münster*
Ruhe und Frömmigkeit
*1955, 128 Seiten, 30 Abb., kartoniert, DM 10,70*

**HEFT 35**
*Prof. Dr. Hermann Conrad, Bonn*
Die mittelalterliche Besiedlung des deutschen Ostens und das Deutsche Recht
*1955, 40 Seiten, kartoniert, DM 2,80*

**HEFT 36**
*Prof. Dr. Hans Sckommodau, Köln*
Die religiösen Dichtungen Margaretes von Navarra
*1955, 172 Seiten, kartoniert, DM 9,60*

**HEFT 37**
*Prof. Dr. Herbert von Einem, Bonn*
Der Mainzer Kopf mit der Binde
*1955, 88 Seiten, 40 Abb., kartoniert, DM 9,20*

**HEFT 38**
*Prof. Dr. Joseph Höffner, Münster*
Statik und Dynamik in der scholastischen Wirtschaftsethik
*1955, 48 Seiten, kartoniert, DM 2,85*

**HEFT 39**
*Prof. Dr. Fritz Schalk, Köln*
Diderots Essai über Claudius und Nero
*in Vorbereitung*

**HEFT 40**
*Prof. Dr. Gerhard Kegel, Köln*
Probleme des internationalen Enteignungs- und Währungsrechts
*in Vorbereitung*

**HEFT 41**
*Prof. Dr. Johann Leo Weisgerber, Bonn*
Die Grenzen der Schrift — Der Kern der Rechtschreibreform
*1955, 72 Seiten, kartoniert, DM 4,80*

**HEFT 42**
*Prof. Dr. Richard Alewyn, Köln*
Von der Empfindsamkeit zur Romantik
*in Vorbereitung*

**HEFT 43**
*Prof. Dr. Theodor Schieder, Köln*
Die Probleme des Rapallo-Vertrages 1922
*in Vorbereitung*

**HEFT 44**
*Prof. Dr. Andreas Rumpf, Köln*
Stilphasen der spätantiken Kunst
*in Vorbereitung*

**HEFT 45**
*Dr. Ulrich Luck, Münster*
Kerygma und Tradition in der Hermeneutik Adolf Schlatters
*1955, 136 Seiten, kartoniert, DM 9,—*

**HEFT 46**
*Prof. Dr. Walther Holtzmann, Rom*
Das Deutsche Historische Institut in Rom
*Prof. Dr. Graf Wolff Metternich, Rom*
Die Bibliotheca Hertziana und der Palazzo Zuccari
*1955, 68 Seiten, 7 Abb., kartoniert, DM 5,—*

**JAHRESFEIER 1955**
*Prof. Dr. Josef Pieper, Münster*
Über den Philosophie-Begriff Platons
*Prof. Dr. Walter Weizel, Bonn*
Die Mathematik und die physikalische Realität
*1955, 62 Seiten, kartoniert, DM 4,40*

**HEFT 47**
*Prof. Dr. Harry Westermann, Münster*
Person und Persönlichkeit im Zivilrecht
*in Vorbereitung*

**HEFT 48**
*Prof. Dr. Johann Leo Weisgerber, Bonn*
Die Namen der Ubier
*in Vorbereitung*

**HEFT 49**
*Prof. Dr. Friedrich Karl Schumann, Münster*
Mythos und Technik
*in Vorbereitung*

**HEFT 51**
*Prälat Prof. Dr. Dr. h. c. Georg Schreiber, Münster*
Der Bergbau in Geschichte, Ethos und Sakralkultur
*in Vorbereitung*

**HEFT 52**
*Prof. Dr. Hans J. Wolff, Münster*
Die Rechtsgestalt der Universität
*in Vorbereitung*

**HEFT 53**
*Prof. Dr. Heinrich Vogt, Bonn*
Schadenersatzprobleme im Verhältnis von Haftungsgrund und Schaden
*in Vorbereitung*

**HEFT 54**
*Prof. Dr. Max Braubach, Bonn*
Der Einmarsch der deutschen Truppen in die entmilitarisierte Zone am Rhein im März 1936. Ein Beitrag zur Vorgeschichte des zweiten Weltkrieges
*in Vorbereitung*

**HEFT 55**
*Prof. Dr. Herbert von Einem, Bonn*
Die Menschwerdung Christi des Isenheimer Altars
*in Vorbereitung*

**HEFT 56**
*Prof. Dr. E. J. Cohn, London*
Der englische Gerichtstag
*in Vorbereitung*

WESTDEUTSCHER VERLAG · KÖLN UND OPLADEN

If you have any concerns about our products,
you can contact us on
**ProductSafety@springernature.com**

In case Publisher is established outside the EU,
the EU authorized representative is:
**Springer Nature Customer Service Center GmbH
Europaplatz 3, 69115 Heidelberg, Germany**

Printed by Libri Plureos GmbH
in Hamburg, Germany